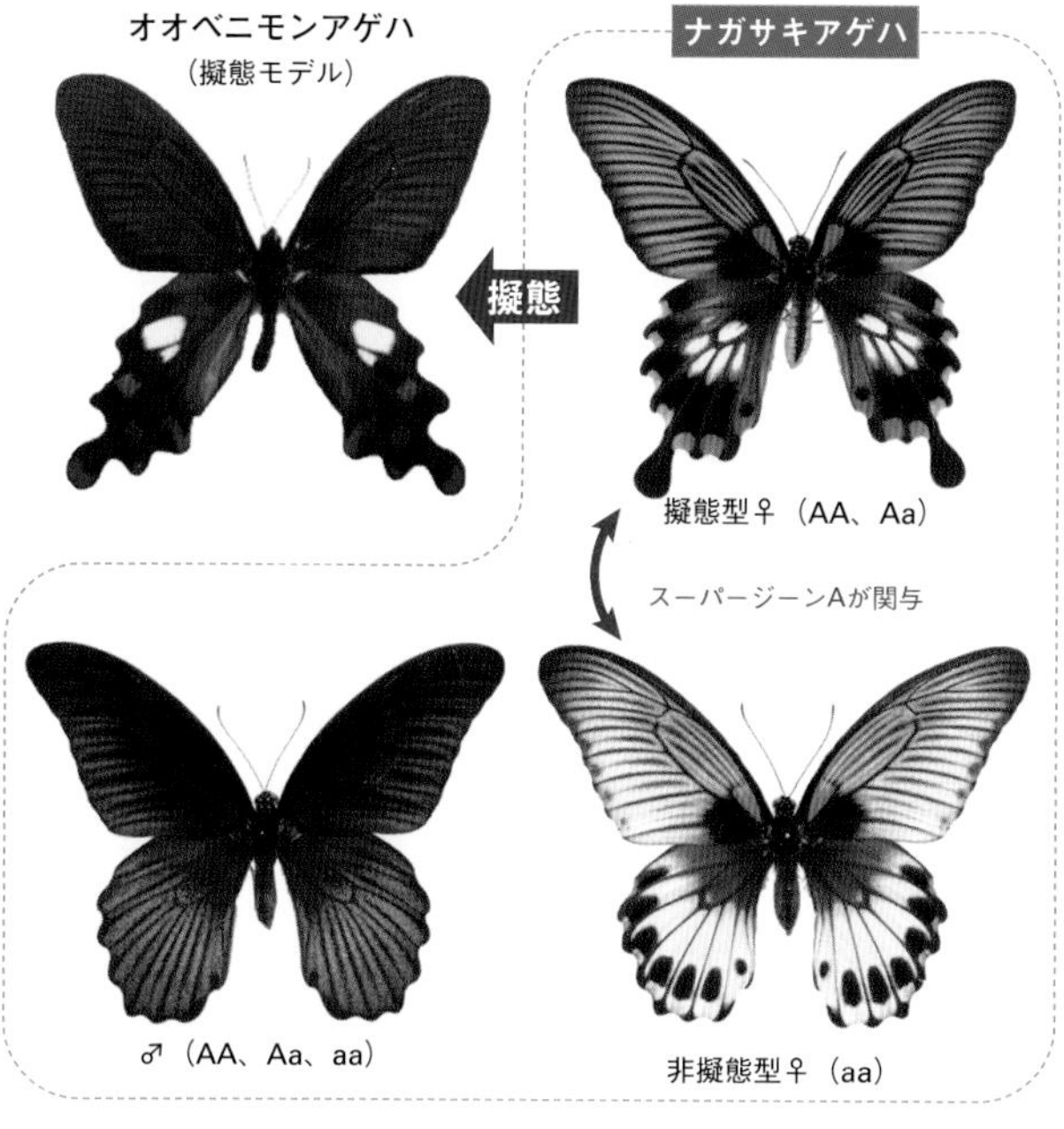

口絵１　ナガサキアゲハの多型

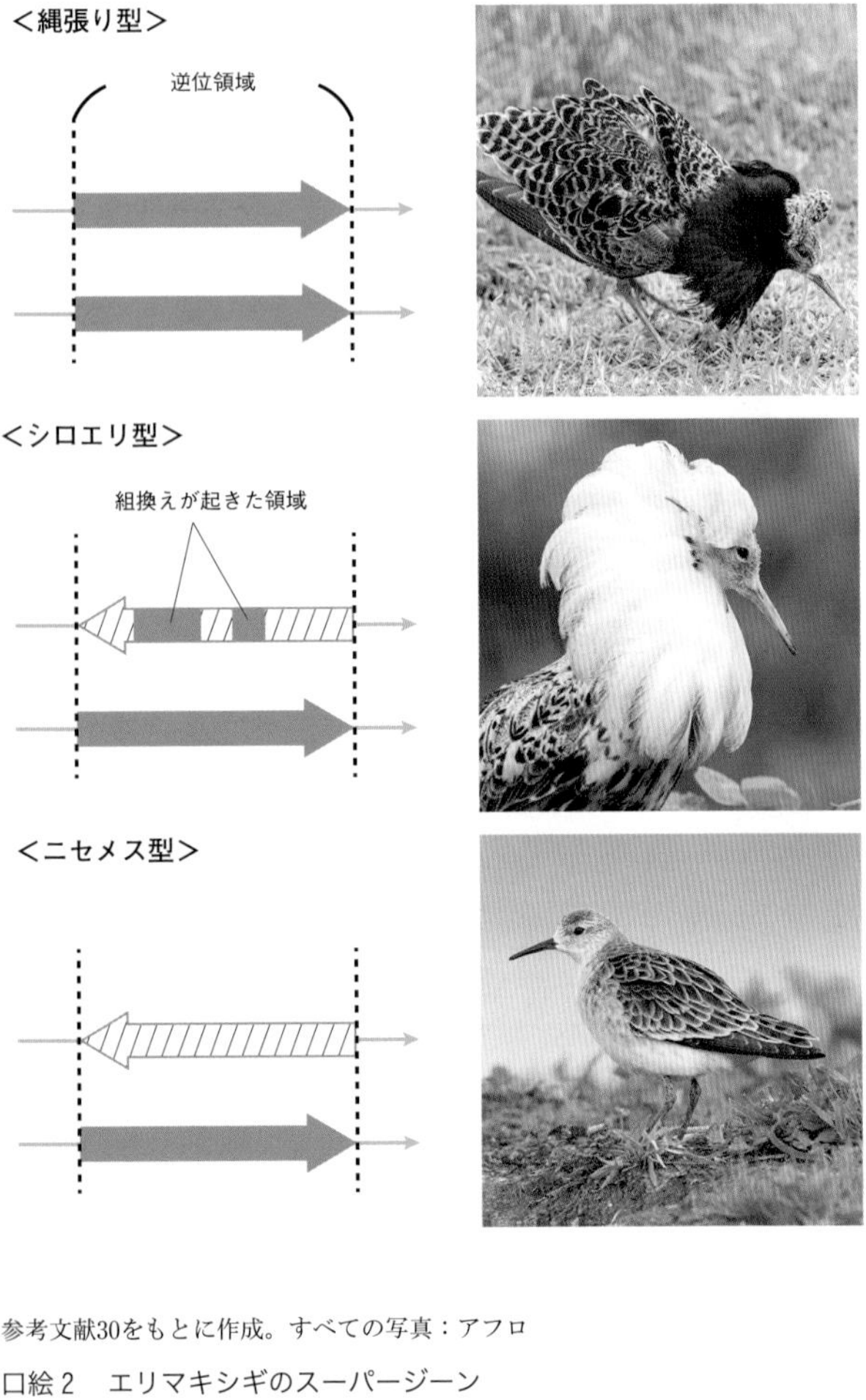

参考文献30をもとに作成。すべての写真：アフロ

口絵2　エリマキシギのスーパージーン

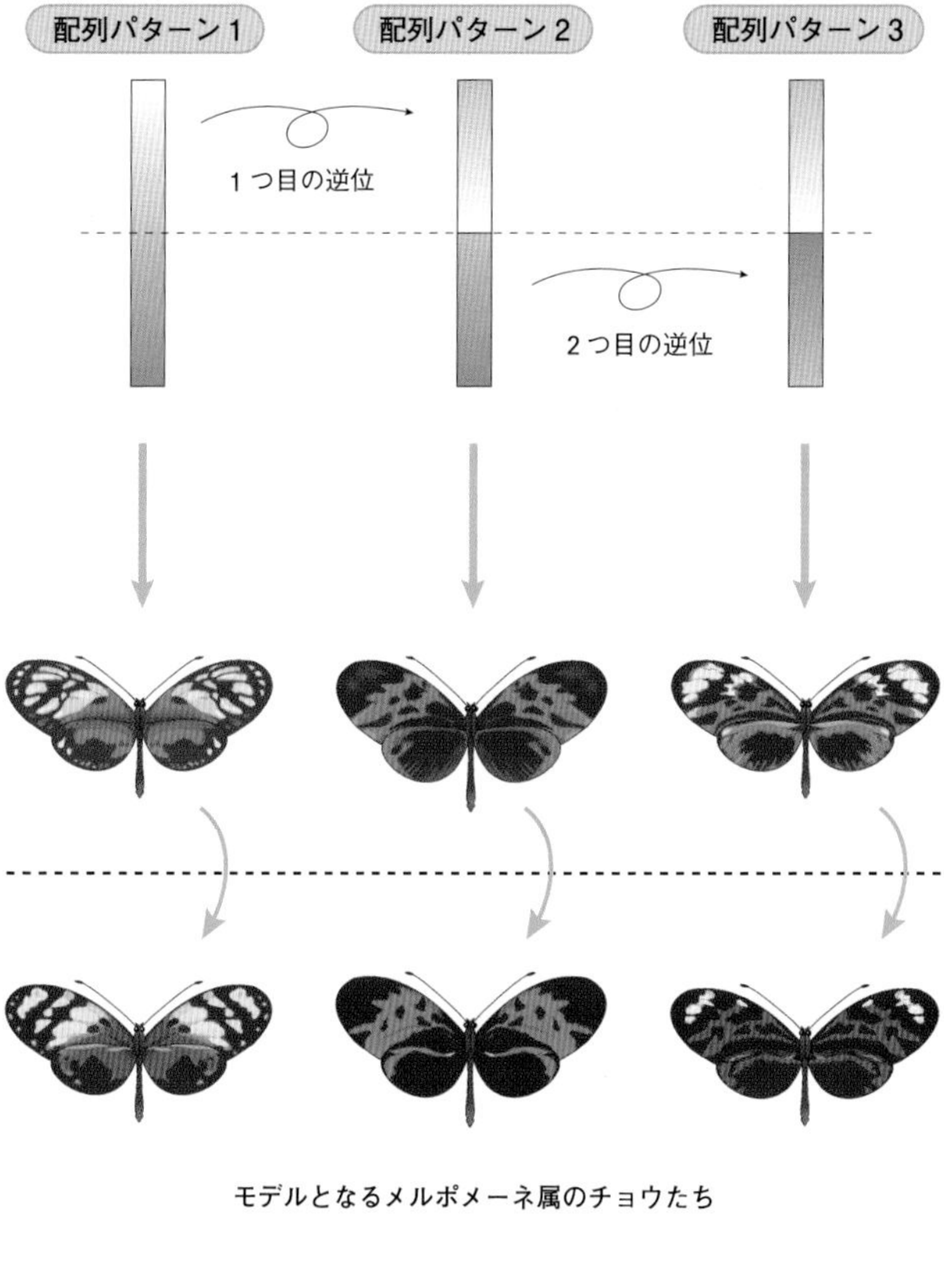

参考文献34をもとに作成

口絵3　スーパージーンに支配されるヘリコニウス・ヌマータの擬態

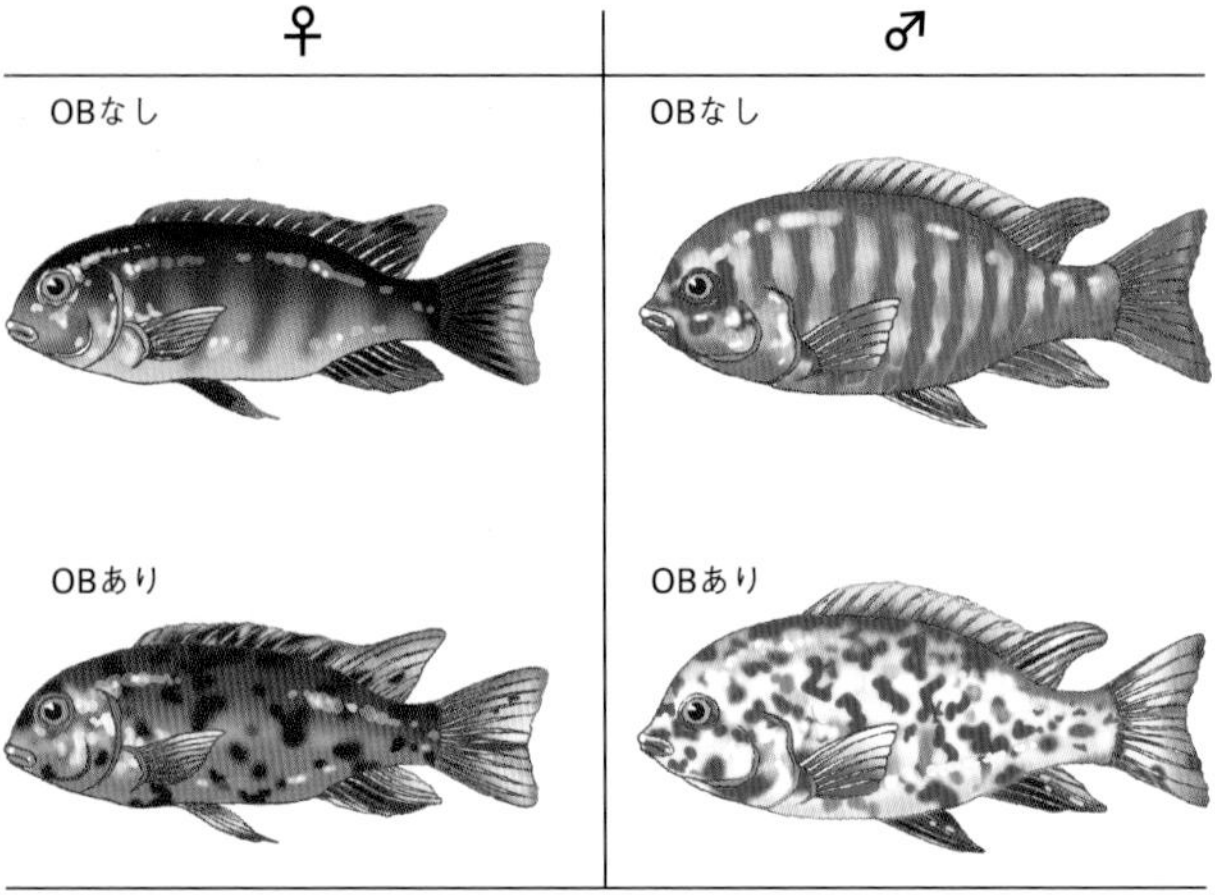

参考文献32をもとに作成

口絵4　スーパージーンに支配されるシクリッドの模様

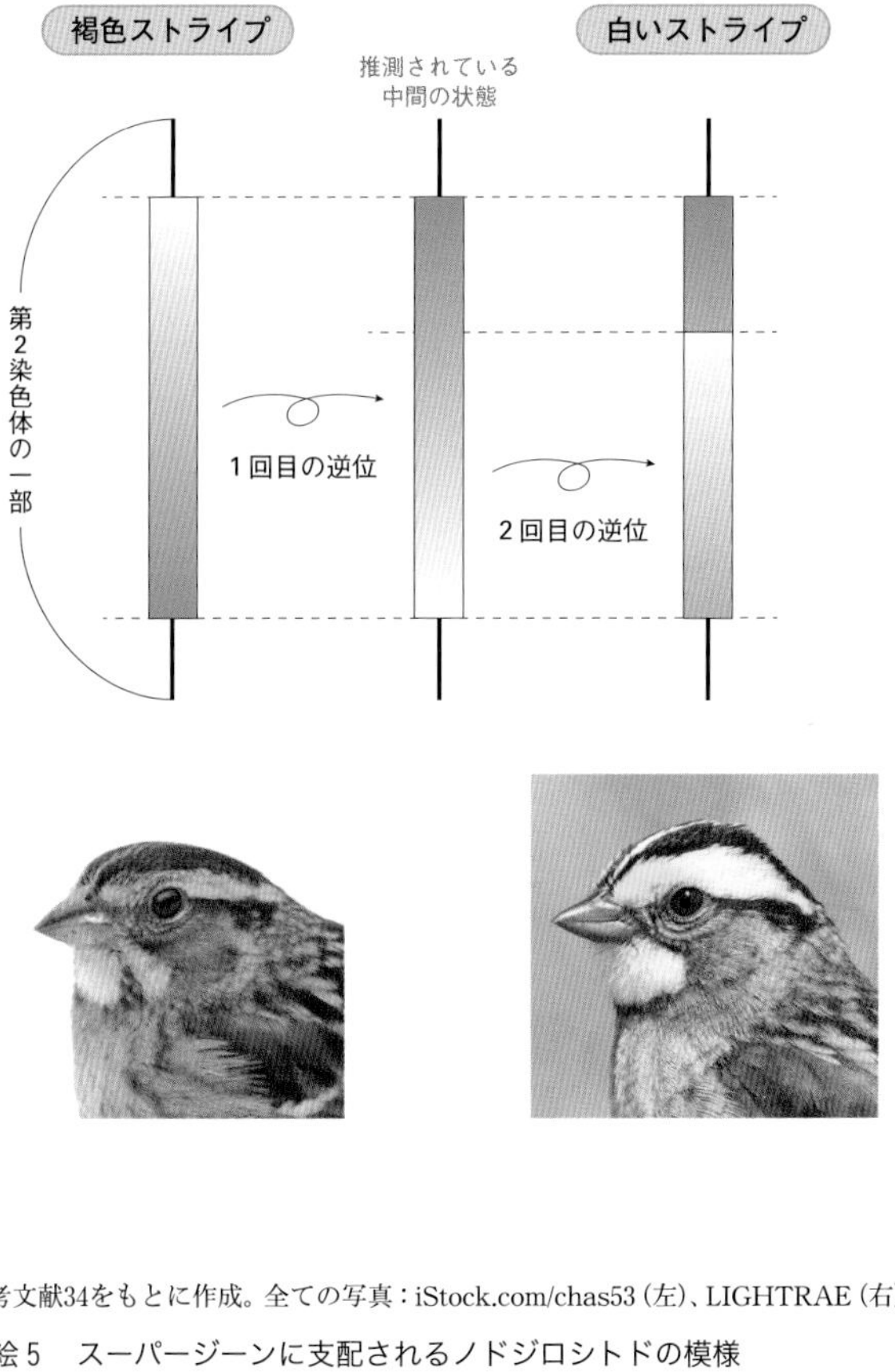

参考文献34をもとに作成。全ての写真：iStock.com/chas53（左）、LIGHTRAE（右）

口絵5　スーパージーンに支配されるノドジロシトドの模様

【アゲハチョウ幼虫の成長段階による擬態】

4齢幼虫まで

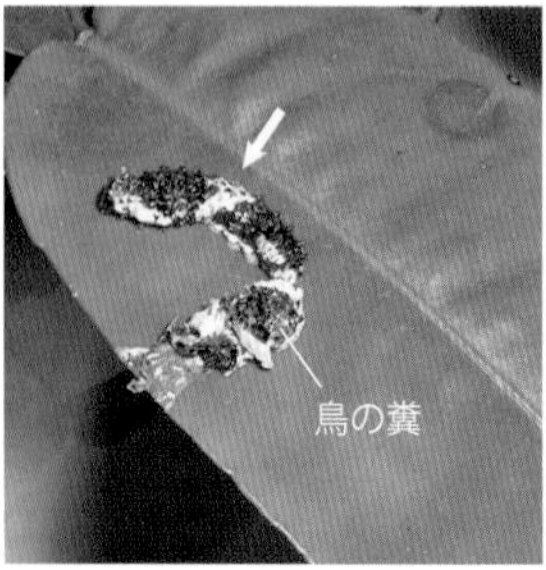

5齢幼虫

【アゲハの種と擬態の違い】

ナミアゲハ

キアゲハ

【蛹となる場所に応じた擬態】

つるつるした場所

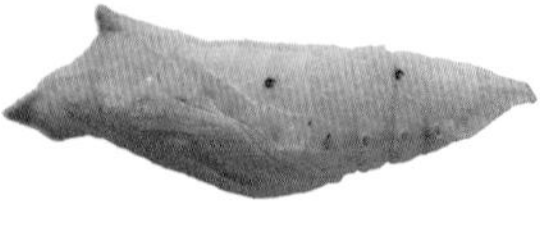

ざらざらした場所

口絵6　さまざまなアゲハチョウの多様な擬態

口絵7　シロオビアゲハの擬態の様子

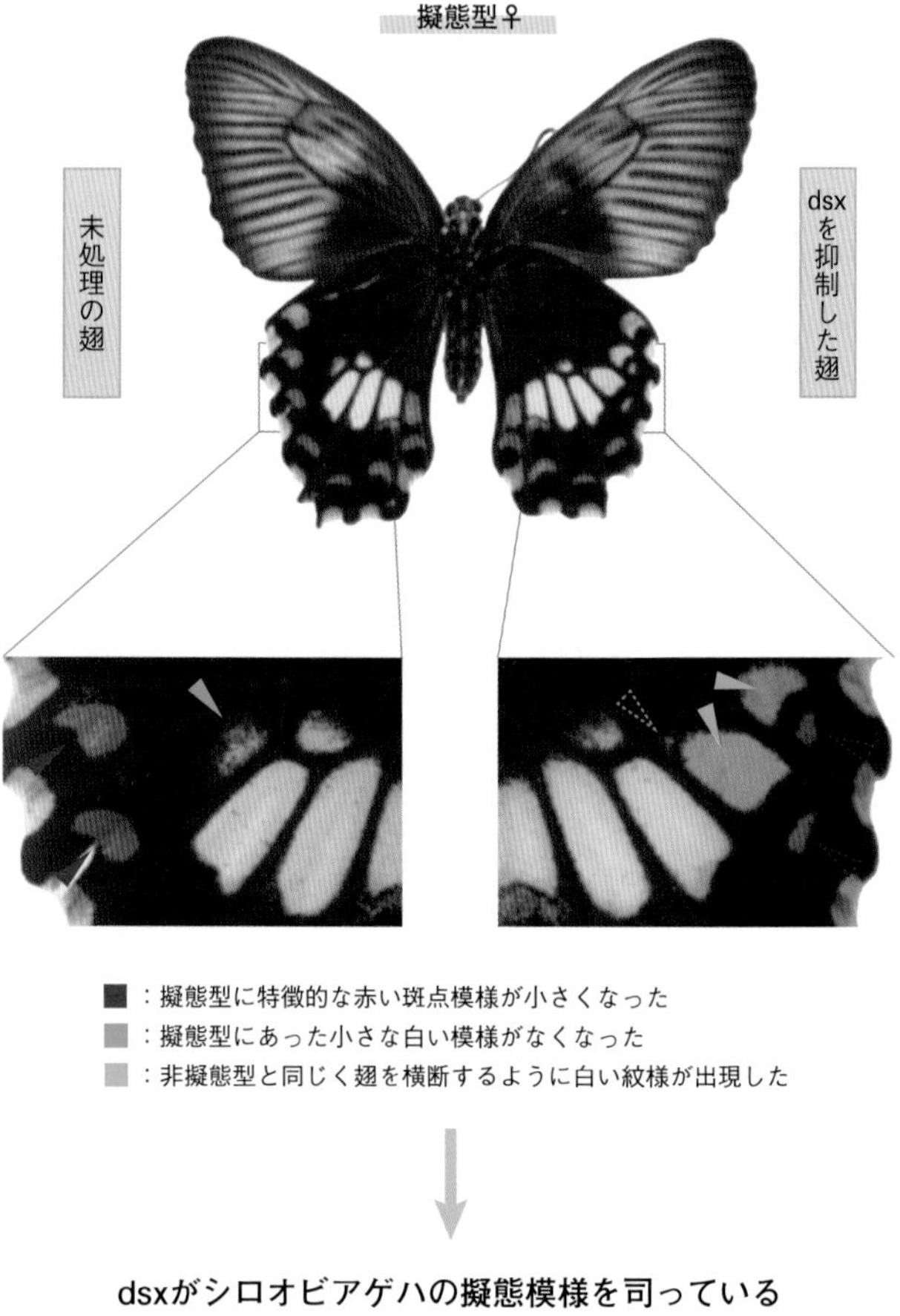

口絵8　シロオビアゲハの擬態を司る遺伝子dsx

超遺伝子《スーパージーン》

藤原晴彦

光文社新書

はじめに

古くて新しい言葉

「スーパージーン」という言葉をお聞きになったことはあるだろうか？　日本語では「超遺伝子」と訳されるが、「遺伝子の中でも何かすごい働きをするもの？」「遺伝子を超える何かがあるのか？」など、私たちの想像を掻《か》き立《た》てる語感がある。

スーパージーンは最近になって、世界中の遺伝学者や進化生物学者の間で話題となっている言葉だ。しかし、それ以外の生物学者の間ではほとんど知られておらず、生物の教科書にもふつうは載っていない。高校の生物の先生に「超遺伝子って何？」と尋ねても、多分ご存じないはずである。

ずいぶんと新しい言葉のように感じるが、実は１００年近く前にすでにその概念は示されていた。しかし、長い間、スーパージーンの実体は証明されることなく、遺伝学者の間でもその存在を信じているものはごくわずかだったと思われる。

実は、私もその言葉を意識しはじめたのは十数年ほど前のことだ。35年近く昆虫の擬態《ぎたい》の研究を続けてきて、論文の中でもその言葉を何度か見ていたはずなのだが、「スーパージーンは机上の存在だろう」と頭の中から抜け落ちていた。重要性に気づいたのは、10年ほど前にシロオビアゲハという蝶の擬態の原因がスーパージーンだと発見した後のことなのである。

読者の中には奇妙なことのように思う人もいるかもしれないが、スーパージーンの実体を紐解いていく過程でようやくその重要性に気づいた。というのも、これまで知っていた生物学の常識とあまりに乖離《かいり》していたのだ。そこには何か新しい原理が存在すると感じた。研究を続けていけばいくほど、これまでの常識では考えられない結果に出会い、今なおパズルを解くような研究に夢中になっている。

少し大袈裟《おおげさ》かもしれないが、スーパージーンは遺伝子、染色体、組換え、進化といった、よく知られている用語の概念を一新し、遺伝学や進化生物学の新たな世界を切り開く力を秘めている。スーパージーンはまさしくスーパーな存在なのだ。

不思議な現象とスーパージーン

生物には不思議な現象がたくさんある。そして、私たちが不思議と思うような生物現象には、なぜかスーパージーンが関わっていることが多い。これは本書の主題ともいえる疑問で、その理由は読み進めるうちに徐々にお分かりになるかと思う。

例えば、生物現象の一つとして「社会性」という現象がある。私たちは、社会性のような複雑なシステムは人間か、少なくとも霊長類のような高等な動物だけに備わっている、と考えがちである。しかし、ヒトに比べると下等と思われるハチ、アリ、シロアリにも社会性を持つものがいる。

殺人アリとも呼ばれるヒアリ（実際には人を殺すほどの毒はないものの、アナフィラキシーショックは油断できない）も社会性を持つ生物の一種だ。最近は毎年のように、日本でも上陸して繁殖しているのではないか、と話題となっているので、その名前を覚えている読者も多いかと思う。

多くのアリと同じように、ヒアリには生殖だけを主に行う女王アリと、採餌《さいじ》や幼虫の世話などをするが、生殖能力のない働きアリがいて、働きアリにはさらにいくつかの「職種」がある。コオロギやセミなどといった身近な昆虫は、同じ種類の個体はすべて同じように見えるのに、ヒアリには大きさや形も違う成虫がいる。また、他の昆虫はどの個体も同じようにしか行動しないように見えるのに、ヒアリには全く異なる役割や行動を持つものがいる。言葉もしゃべれない昆虫が、どうやってこのような複雑なことができるのか、と私たちは不思議に思ってしまう。

動物の「生殖（繁殖）行動」にも不思議と思う現象は多い。人間もさまざまな方法で異性にモテようとする。異性に対してきれいに見えるように化粧をし、美しい衣装を身にまとい、プレゼントを贈り、相手の気を引くような素振りを見せる。そこまでの行動は霊長類以外の動物ではあまりないだろうとつい思ってしまうが、鳥類には人も驚くような繁殖のための形や行動をとるものがいる。オスがメスの気を引くために奇妙な踊りをする、極楽鳥とも呼ばれるフウチョウの一種や、メスへのプレゼントに建築家顔負けの４～５ｍもある巨大な豪邸を作るニワシドリ（庭師ドリ）などは、ＮＨＫの日曜夜の番組でも取り上げられている。

さらに、エリマキシギのオスの繁殖戦略はさらに複雑となる。同じ種であるのに見た目や行動が全く異なる３種類のオスがいて、それぞれが独自の戦略を駆使して、メスに取り入り子孫を残そうとするのだ。縄張りを持つ強面《こわもて》のオス、そのオスの隙を狙うオス、メスにそっくりな外見を利用してメスと交尾するオスである。同じ種であるということは、同じゲノム

(遺伝子セット全体のこと)を持つはずなのに、なぜオスがこれほど異なる形や行動をとるのかについては、古くから生物学者の頭を悩ませてきた。

ヒアリの社会性とエリマキシギのオスの繁殖行動。この２つの生物現象には、「不思議に見える」という以外、とくに共通するものはない。私たちが不思議と思うものは、人間が思っている以上にその現象が複雑だということを意味しているのかもしれない。

詳細は後に述べるが、この２つの現象は最近になって、いずれもスーパージーンによって制御されていることが分かった。スーパージーンは、１つの遺伝子ではとても成し遂げられないような、複雑な現象を引き起こすことができるものと考えられる。さらに、私たちにとって不思議と思える生物現象がスーパージーンによって制御されている例は、他にも続々と見つかっている。

本書では、このスーパージーンはいったい何ものなのか、なぜ複雑な現象はスーパージーンによって制御されることが多いのか、その謎解きをしていきたい。

さぁ、遺伝学のフロンティアを一緒に歩いてみよう。

超遺伝子《スーパージーン》

目次

第7章 アゲハの擬態とスーパージーン……153

第8章 スーパージーン物語の過去・現在・未来……201

目次・章扉デザイン／熊谷智子
本文図表制作／デザイン・プレイス・デマンド

第1章

スーパージーン物語のはじまり

スーパージーンは複雑で不思議な現象によく見られるが、私たちの身の回りにはそのような生物現象がたくさんある。13年や17年といった素数の周期にしか羽化しない素数ゼミ、メスの気を引くために巨大で華《はな》やかな巣をつくるニワシドリ（庭師ドリ）、孵化したときの砂浜の温度が29度より低いとオス、30度より高いとメスになる割合が高くなるウミガメ――。こういった現象がすべてスーパージーンによるものだというわけではない。しかし、スーパージーンで制御されていることが今後示されるものには含まれているかもしれない。

これらの現象を当の動物さらには他の動物が不思議とは思わないだろう。不思議と思っているのは人間だけに違いない。なぜ、私たちは不思議に思うのだろう。

端的にいえば、私たちが考える「常識」とは異なるからだ。夏になればセミの鳴き声が聞こえるから毎年羽化していると思うし、セミの寿命から考えても13年や17年は長すぎるし、その長さを正確に計測するなんて無理だろう。また、なぜ素数である必要があるのだろう。私たちの知っている知識からは推し量れない。

私たちが知っていると思っているのは、ヒトや身の回りの動植物などの観察から得た、きわめて限られた知識であることが多い。また、教科書もできるだけ共通性の高い原理や知識だけを教えようとするので、例外的なことにはあまり触れることなく、「常識」は作られていく。

昆虫、魚類、爬虫類、鳥類などに不思議な現象が数多く見られるのは、私たちがいつもヒトに近い哺乳類などの知見から、すべてを推し量ろうとするからかもしれない。たんに知らないだけなのだ。地球上には哺乳類以外の生物のほうが圧倒的に多いので、不思議だと思うことには事欠かない。

１５０年以上前に、こういった不思議な現象に魅《み》入《い》られたのが、ダーウィンであり、ウォレスだった。この時代は博物学の時代であり、ダーウィンはナチュラリストとして、ウォレスは生物ハンターとして世界中を駆け巡り、奇妙で不思議なたくさんの生き物に出会った。二人は全く違った旅をし、全く異なった生物を見て、（主張には微妙な差異はあるが）大枠としては同じ結論に達した。さまざまな環境に適応していく中で、多様で新たな生物種が生まれ、地球上に広がっていったのだと。

スーパージーンが関与する不思議な現象は、進化論が深まっていく中で見出された。その中でも、本章で紹介するナガサキアゲハやシロオビアゲハの擬態は、最初に示されたスーパージーンの例の１つである。その不思議さを詳細に述べたウォレスは、スーパージーンどころかジーン（遺伝子）すら知らなかった。しかし、彼が指摘した蝶の性質は１５０年以上経った今でも、正しくスーパージーンの特徴を完全に言い当てている。

そこで、スーパージーン物語の序章として、まずは進化論の主役である３人の人物の話からはじめたい。

ウォレスとダーウィンの進化論

アルフレッド・ウォレス（１８２３-１９１３）は、２００年ほど前にイギリスに生まれた博物学者である。南米のアマゾン川や東南アジアのマレー諸島を探検し、インドネシアのバリ島とロンボク島の間などを境にして、生物の種類や多様性（生物相）が大きく変わることを発見したことで有名である（のちにウォレス線と呼ばれる）。

ウォレスが活躍した19世紀は「博物学の時代」であり、彼は学者というよりも、当初は収集したコレクションを欧米の裕福なコレクターに売る、プロの探検家もしくは収集家というべき人物だったようだ。しかし、膨大なコレクションを続けるうちに、集めた動植物の多様性に魅入られるとともに、種が変化していくことにある種の規則性があることを見出した。

それが自然選択（自然淘汰《とうた》）説であった。

　要約すれば、同じ種の中にもさまざまな変異を起こしたものがあり、その中には他よりも生存や子孫を残す確率が高いものがいる。そのような有利な形質を持った個体の子孫は増えるが、不利な形質を持った個体の子孫は少なくなっていく、という説である（図表１－１、次ページ）。

　ウォレスと同時代のイギリスに生きた、進化生物学の先駆者にはチャールズ・ダーウィン（１８０９－１８８２）もいる。ウォレスがふつうの家庭の出身で、高等教育とは無縁だったのに対して、ダーウィンは裕福な家庭に育ち、エディンバラ大学やケンブリッジ大学などで十分な教育を受けた。

　ダーウィンはビーグル号で世界中を巡って集めた見聞やコレクションをもとに、そこに見られる生物の多様性から進化（当初はこのような言葉はなかった）のしくみを想定するようになったといわれる。全く対照的な人生を送った二人だったが、ともに自然選択説にたどり着いた。とくに、地球上の生物が共通の祖先から派生し、自然選択によって多種多様な生物が誕生したという概念は、キリスト教を信奉する当時の人々に大きな衝撃を与えた。

　神の手によってすべての生物が作られたとするキリスト教。片や、さまざまな生物は祖先

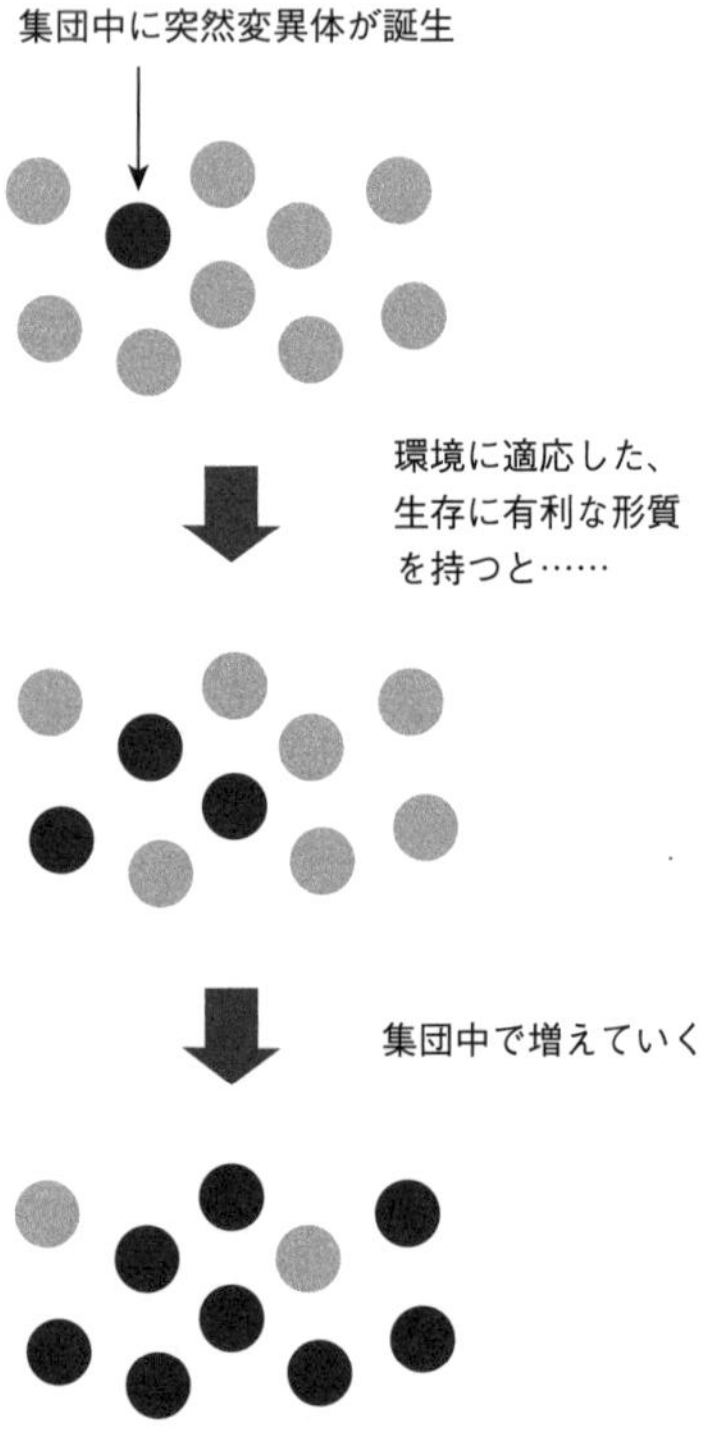

図表１-１　自然選択説とは

種から生まれ、ヒトもサルも同じ祖先から誕生したかもしれないというダーウィンの進化論。イギリス社会の中で、キリスト教徒から猛反発を受けるだろうと予想したダーウィンは『種の起源』の公表を躊躇《ちゅうちょ》していたといわれる。ダーウィン自身が宗教論争に巻き込まれることはそれほどなかったようだが、ハクスリーをはじめとする彼の友人や進化論を信ずる人々は、キリスト教と長らく対峙《たいじ》することとなった（アメリカなどでは、現在でもその論争が完全になくなったわけではない）。

よく知られているように、ダーウィンは進化論のアイデアを早くから考えついていたが、実際に公開したのはマレー諸島に居たウォレスから同じアイデアの論文を受け取ったためといわれている。１８５８年に二人は共同で論文を発表した後、翌年にダーウィンは『種の起源』を発表した。この本は大きな話題となり、当時の大ベストセラーとなった。はたして、ダーウィンとウォレスのどちらが早く自然選択説に到達したかは分からないが、二人の交流や進化論の成り行きに関する本は、現在に至るまで数多く出版されている。

ダーウィンはいまだにイギリスで最も人気がある科学者の一人である。自然選択説は「ダーウィン・ウォレス説」と呼ばれていたが、いつしかウォレスの名は消え、ダーウィンの名のみが広く知れわたるようになった。『ダーウィンに消された男』（ブラックマン著、朝日選書）には、二人を取り巻く泥臭い人間模様が描かれている。

ウォレスは栄誉にこだわらない楽天的な性格で、ダーウィンを敬愛してやまなかったと伝えられている。ダーウィンほどの名声を得られなかったことは、他人から見ると一見不幸にも思えるが、さまざまなことを成し遂げたウォレスの長い生涯は、本人には満足できるものだったのかもしれない。英語学者で評論家として著名な渡部昇一の遺稿として出版された『幸福なる人生――ウォレス伝 渡部昇一遺稿』（育鵬社）には、ウォレスの数奇な一生が読みやすくまとめられていて、興味深い。

毒蝶をマネる擬態の発見

南米のアマゾン川の探検で、ウォレスは同僚のヘンリー・ベイツ（１８２５－１８９２）とともに多数の昆虫を採集している。ベイツもウォレスと同じく高等教育を受けておらず、独学で博物学の分野に入った人物で、とくに昆虫については並々ならぬ知識を持っていた。ウォレスはベイツの影響を受けて、昆虫採集に夢中になったといわれる。

1848年、二人は南米に出かけ、ウォレスは船の火災により標本をすべて失ってしまったものの、ベイツは1万種以上の標本を採集した。その大半は昆虫。ウォレスとベイツ、さらにはダーウィンも昆虫採集には目のない「虫屋（fly catcher）」であり、「虫」を話題にコミュニケーションが深まり、進化論は成熟していったのではないかと筆者は想像している。ベイツは自らの昆虫採集での経験や多様な動植物の観察から、ウォレスとダーウィンが導き出した進化論を強く支持した。

　スーパージーン研究においてベイツは重要な人物である。スーパージーンの最初の例となる擬態を初めて定義づけたからである。ベイツは南米からイギリスに戻った後、ウォレスとは違って二度と冒険旅行に出ることはなかったが、標本の整理に膨大な時間を割いていた。そして、自身の膨大な標本コレクションの中で、有毒な蝶（独特の嫌な匂いから判断したのだろう）の多くが、黒地に赤や黄といった派手な模様の翅《はね》を持つことに気づいた。

　捕食する鳥にとって、マズい味の有毒な蝶は、できれば食べたくない。有毒な蝶は自身がマズいことをアピールするために、派手な模様の翅を持つものが多く、またその模様を鳥に見せるために、ゆっくり飛ぶこともある。それによって捕食されるリスクが減ると考えられる。このような模様や色は警告色ともいわれる（口絵7のベニモンアゲハ参照）。初めてこの蝶を食べる未熟な鳥には効かないが、一度そのような蝶を食べれば、マズい味の蝶の色や模様は強く記憶され、次回からはそのような姿形の蝶を避けるようになる。

さらに、ベイツは標本を丹念に調べるうちに、他にも奇妙なことを見つけた。さまざまな色や模様をした毒蝶から系統的に遠く離れた蝶の中にも、毒蝶に非常に似た模様のものがいたのだ。しかも、匂いが全くない「無毒な」蝶が数多く含まれていた（シロチョウ科の蝶など。私たちがよく知っているモンシロチョウもシロチョウ科の蝶）。ベイツは、無毒な蝶が系統的に離れた有毒な蝶に姿形を似せ、鳥からの捕食を免れているのではないかと推測し、これを「擬態」（似せるという意味の mimic から mimicry という言葉を作った）と名づけた。

無毒な種（擬態種と呼ぶ）が有毒な種（モデル種と呼ぶ）に似せるこのタイプの擬態は、後年「ベイツ型擬態」と呼ばれるようになり、昆虫だけでなく、魚類や爬虫類など、ほとんどの動物に見られることが分かっている。

一方、ドイツのフリッツ・ミューラー（1821－1897）は、系統的に離れた有毒な蝶の間でも紋様や形が似たものがいることに気づいた。この擬態は「ミューラー型擬態」と呼ばれており、毒のあるハチやカエル、ヘビなどでも見られる。不思議なことに、ベイツ型やミューラー型を含め、蝶の擬態はスーパージーンによって制御されているものが多い。

ナガサキアゲハはメスだけ擬態する

ウォレスはベイツ型擬態のことをベイツの論文や著書（『アマゾン河の博物学者』、和訳：長澤純夫、思索社）からよく知っており、マレー諸島の探検を記した自著『マレー諸島』（和訳：宮田彬、思索社）の中で、ナガサキアゲハという蝶についてかなりのページを割いて紹介している（図表1－2、次ページ）。その一部をここでも紹介しよう。

> ロボ・ラマンは、スマトラの東端の中心地であり（中略）その地方はまさに博物学者にとっては収穫が約束されていた。（中略）蝶についてはやや成功した方であり、数種の私にとってまったく初めての美しい種類を手に入れ、また相当数の稀な美しい昆虫を採集した。そのうちの二種の蝶について少しここで説明しよう。
>
> 最初は素敵なナガサキアゲハ（*Papilio memnon*）である。黒色で、明瞭な灰青色の鱗粉からなる線や模様で彩られた、目にも鮮やかな蝶（原文では「目にもあやな蝶」：藤原

図表1-2　ウォレスが描いたナガサキアゲハ

> 改訂）である。その翅は開帳五インチで、後翅は丸く、後縁はホタテ貝の縁のように凸凹している。以上は雄の場合である。しかし雌は著しく異なっており、非常に多くの型が存在するので、かつてそれらは明瞭な数種に区別できると考えられていた。
>
> 雌は2つの群に分けられるだろう。すなわち翅の形が雄に似ているものと、翅の形が雄とは完全に異なるもの（第二群：藤原注釈）とである。（中略）第二群はさらにいっそう顕著であって、決して同じ種だとは想像できないだろう（中略）この型の雌が同じアゲハチョウ属に属する他の蝶で、しかもこの属の中の異なる群に所属するホソバジャコウアゲハ（*Papilio coon*）に酷似していることを私は発見した。われわれは、ベイツ氏によって詳しく図示された事例（『アマゾン河の博物学者』や『リンネ協会紀要』に記載された事例：藤原注釈）と似た擬態の一例をここに持っているのである。

ウォレスの時代の分類では、比較的近縁だと思われていた毒のあるモデル種（ホソバジャコウアゲハ属）と擬態種のナガサキアゲハ（アゲハチョウ属）だが、現在ではかなり離れた種であることが分かっている。本文が長いので省略しているが、ウォレスはナガサキアゲハの第二群のメスが、毒のあるホソバジャコウアゲハに似せて鳥からの攻撃から逃れる、とはっきり述べている。

さらに、「シロオビアゲハ（*Papilio polytes theseus*）のメスの第二群は、ホソバジャコウアゲハと同じ群の他の種（ベニモンアゲハなど：*Papilio antiphus* および *polyphontes*）を非常に巧みにまねており、そのためこれらはオランダの昆虫学者デ・ハーンを完全に欺《あざむ》き、したがって彼はこれらを同一種として扱ってしまったほどだ」とも書いており、私たちが現在スーパージーンの研究をしているシロオビアゲハとナガサキアゲハにまで言及している。

これらの蝶はいずれもメスには2種類あり、そのうちの1種類（第二群）だけが毒蝶に擬態し、オスは全く擬態しないという不思議なベイツ型擬態を示す。ウォレスはそのことをすでに１５０年前のスマトラで発見しているのである（口絵1・口絵7）。

しかしこのような明瞭な型と結びついている最も不思議な事実は、彼らは両方ともどちらの型の子孫にも別に出現するということである。（中略）また中間型（翅の周辺に複数の赤いスポットなどが見られる毒蝶に擬態する模様と、それとは異なり毒蝶には似ていない模様、その両方を持つ蝶もしくはそれぞれの一部を持つような蝶）は決して出現しないということを信ずるに足るあらゆる理由がある。

（アルフレッド・ウォレス『マレー諸島』より）

遺伝学の知識があまり浸透していない当時、ウォレスは自身も遺伝学の知識を持っていなかったであろうにもかかわらず、この現象に遺伝が関与していることまで看破している。最も重要な点は、この複雑な現象が遺伝していく過程で中間型が出現しないと述べていることだ。実はこれがスーパージーンの最も本質的な部分であり、本書の根幹をなす原理である。

ウォレスはそのことについてさらに、一人のイギリス人男性が、黒い髪で赤い肌の妻と、巻き毛髪で黒い肌の黒人の妻を持った場合の仮定の逸話を例にして、蝶の不思議を説明している。「息子はすべて自分と同じ青い目で白い肌、娘は二人の妻とそっくりになるといった奇妙なことが起こっている、つまり父と母の性質を併せ持つことが決してないのはおかしい」と述べている。実際、私たちはそのような例を知らない。

これだけで十分に奇妙であると思われるだろう。しかしこれらの蝶の場合は、さらにもっと不思議なのだ。なぜなら、それぞれの母親は父親のような男の子を産めるだけではなく、彼女自身とまったく違っているもう一人の妻のような別の女の子も産めるのだ。

（アルフレッド・ウォレス『マレー諸島』より）

同じ種の中に全く異なる性質のものが決して交わることなく後世へ伝わっていく。これがスーパージーンの不思議なのである。ウォレスは後述する１５０年後のスーパージーン研究の本質を見抜く驚異的な予測をしていたのだ。

ウォレスの『マレー諸島』発刊は１８６９年のことであり、ダーウィンとの共著論文の発表やダーウィンの『種の起源』発刊から10年ほど時が経っている。二人はこの間に郵便による文通で互いに意見を伝えあっており、１８６８年9月18日にウォレスがダーウィンに宛てた手紙には次のような一節がある。

> 力のずっと強いアゲハ属（*Papilio*）、シロチョウ属（*Pieris*）、ムラサキ属（*Diadema*）では、一般に雌だけがマダラチョウ科（*Danaidea*）に擬態しています（中略）雄だけがマダラチョウ属（*Danais*）やほかのものに擬態している例は、ひとつとして知られていません。
>
> （ウォーレス、ダーウィン『進化論の時代』より）

虫屋同士の楽し気な会話の一節だが、メスだけがなぜ擬態するのかという謎は、その後、多くの昆虫学者の興味を引き（無論私もだが）、後年の遺伝学者たちが提唱した「ナガサキアゲハとシロオビアゲハのメスだけが擬態する現象がスーパージーンによって引き起こされる」という仮説へとつながっていく。

第１章のまとめ

ウォレスの著書（和訳）で使われた実際の文を引用しながら紹介したので、この章の全体像が多少分かりにくくなったかもしれない。本章の重要な点を手短にまとめておこう。

ベイツが発見した擬態（ベイツ型擬態）は、毒のある生物種（モデル種）に毒のない生物種（擬態種）が模様や形などを似せて捕食者から逃れる現象である。一方、毒のある生物種同士が互いに模様や形などを似せるミューラー型擬態も知られている。

ウォレスが興味を持ったナガサキアゲハには2種類のメスがいて、一つは毒蝶オオベニモンアゲハに似せた擬態型、もう一つは擬態型とは全く異なる模様を持つ非擬態型である。シロオビアゲハにも同じように2種類のメスがいて、擬態するのはメスの一部だけである。いずれの蝶でもオスは全く擬態しない（ナガサキアゲハではメスと違う模様、シロオビアゲハでは擬態しないメスに似た模様）。

ナガサキアゲハやシロオビアゲハでは、擬態型メス、非擬態型メス、オスとそれぞれ模様は異なるが、その模様はどの世代でもいつも同じである。私たちは経験的に、ヒトやその他の動植物では、親の形質が交じり合って次世代に伝わることを知っている。娘の眉は母、口元は父に似ている、というように。

しかし、これらの蝶ではそのような「中間型」は決して現れず、擬態に必要な個々の特徴（形質と呼ぶ）は混ざることなく次世代に伝わっていく。ウォレスがヒトの特徴から説明した例のように、これは不思議である。

どの世代でもメスやオスはいつも同じ模様で、中間型は生じない。後に述べることになるが、捕食者にとって最も有効に働く模様は少しでも変わっては困るのである。「中間型が生じない」ことこそがスーパージーンの大きな特徴で、今もその謎を解こうとして研究者が立ち向かっている。

ウォレスは遺伝学やスーパージーンのことなどまるで知らなかったと考えられる。そんな中、遺伝が関わるこれらの蝶の不思議を的確に指摘したことには驚かされる。

第2章

スーパージーンに迫るための基礎知識

遺伝子はジーン（gene）と呼ばれる。スーパージーン（supergene）はジーンという言葉が作られた後にできた言葉である。日本語の遺伝子はおそらく遺伝をつかさどる因子といった意味でつけられたのだろう。ちなみに遺伝子は中国語では「基因」で、生命の基になっている因子という感じがよく表されている。

英語では、「generate（生み出す）」や「genius（天才）」という単語があるように、「gen」は「生む」や「種類」という意味があり、gene はそのような語源からつけられたのだろう。遺伝学（genetics）はまさしく、gene を研究する学問である。

遺伝という言葉はなかったが、原始の時代から人は「親と子が似る」ことには気づいていたに違いない。馬のたてがみといった特徴がどのように伝わっていくかを記した、紀元前のメソポタミア文明の粘土板が見つかっているそうだ。しかし、親と子が似る科学的な根拠は、19世紀にグレゴール・ヨハン・メンデル（１８２２-１８８４）が登場するまではほとんど説明されていなかった。

イギリスのダーウィンやウォレスも、このオーストリアのメンデルと同時代の人間である。このころは西ヨーロッパを中心に、産業革命により富や人口が大幅に増加した。海外に膨大な植民地を抱えたことが、主にイギリスに産業革命をもたらした背景にあったという。ダーウィンやウォレスが世界各地に冒険旅行に出かけられたのは、そのようなイギリスの国力と時代背景が後押ししたのだろう。

ただ、イギリスとオーストリアという少し離れた国であったこともあり、ダーウィンやウォレスとメンデルの間には直接的な交流はなかったようである。つまり、ダーウィンやウォレスは、遺伝学や遺伝子といった知識は全く持っていなかったと考えられる。メンデルも「親と子が似る」という法則性を見出したが、遺伝子そのものが何であるかは十分には理解していなかった。つまり、遺伝学や進化学のパイオニアたちにとってスーパージーンは未知の存在だった。

スーパージーンは遺伝学と進化学の接点にあるような存在である。そこで、本章では遺伝学に焦点を当てて、スーパージーンの理解に必要な知識を紹介したい。

ウォレスの慧眼と遺伝学の誕生

150年以上前のダーウィンやウォレスの時代に「遺伝学」という言葉はなかった。したがって、遺伝学者という職業も存在していなかった。ただ人々は、子供の顔の形や体型、髪、皮膚の色などが両親のどちらかに似る（ただしすべての形質が片親に似ることはない）、もしくは両親のどちらにも似る（中間型になる：背恰好《かっこう》は両親の中間ぐらいになるなど）といったことをよく知っていたはずである。

ウォレスが自著『マレー諸島』でナガサキアゲハをヒトの場合に例えたのは、市井《しせい》の人々が理屈は分からないが、そのような遺伝の本質を見抜いていると考えたからである。ナガサキアゲハの一節を読んだ人たちは、「生まれてくる息子が必ず父親に似ている」「娘は必ず母親に似ている」というのはあり得ないことだと考えたに違いない。また、「全く異なる外見の二人の妻のうち、片方の妻から生まれた娘がもう片方の妻に似る」という例も、何かの間違いではないかと思っただろう。

さらに、「二人の妻から生まれてきた外見の異なる二人の娘に中間型は存在しない」、つまり「かならずどちらかの妻と瓜二つの娘しか生まれない」と説明されると、奇妙奇天烈だと感じただろう。逆にいえば、遺伝学の知識をもたないウォレスが、野外や標本の観察からナガサキアゲハの遺伝に関してこれだけの説明ができたのは、類まれなる慧眼《けいがん》の持ち主だといわざるを得ない。その喩えは、現時点でも全く間違いがないだけでなく、最後の中間型が生じないというのはスーパージーンの特徴まで表している。

進化学が誕生したこの時代は、遺伝学の勃興《ぼっこう》の時代でもあった。オーストリアの（現在はチェコにある）修道院の司祭だったメンデルがエンドウの花の色、豆のしわ、背の高さなど（表現型や表現形質などと呼ぶ）に着目して、遺伝に関するいくつかの法則を論文として発表したのは、１８６６年のことだ。

ウォレスの『マレー諸島』の発刊はその3年後で、またメンデルはダーウィンの著作などを読んでいたといわれるが、進化学者たちとメンデルは互いを知っていたわけではないようだ。つまり、ダーウィンやウォレスの著作や論文には、メンデルの法則が直接引用されることはなく、またメンデルの法則に進化の理論が影響を与えた形跡も見られない。

メンデルは修道院長となり多忙を極めたが、彼の遺伝学の研究成果についてはほとんど顧みられず、１９００年（厳密には19世紀末）にオランダのユーゴ・ド・フリース（１８４８-１９３５）らによって「再発見」されるまで、40年近く世に知られずに埋もれていた。

エンドウの豆のしわ

これから遺伝子や超遺伝子の話をするために、ここでメンデルの法則について少し触れておきたい。

メンデルは１世代の栽培期間が短く、交配を繰り返すことができて、短時間に観察できる植物のエンドウを使って、親の形質が子にどう伝わるかを調べた。多数の形質を観察していく過程で、彼は自身の実験結果は不連続な粒子のような単位として「要素（エレメント・ファクター）」と呼ばれる概念を用いると、うまく説明できると考えるようになった。この言葉は、後に「遺伝子」と呼ばれるようになる。

同じころ、スイスの生化学者フリードリッヒ・ミーシャ（１８４４－１８９５）が、患者の膿《うみ》からタンパク質とは異なる性質を持つ物質（のちにＤＮＡと呼ばれる）を見つけたが、ＤＮＡと遺伝子が結びつくのはおよそ１００年後のことである。メンデルの論文は数値データと概念的な言葉で構成されており、当時の生物学者にとっては難解なもので、生物学とはあまり関わりのないものとして顧みられなかったのだろう。

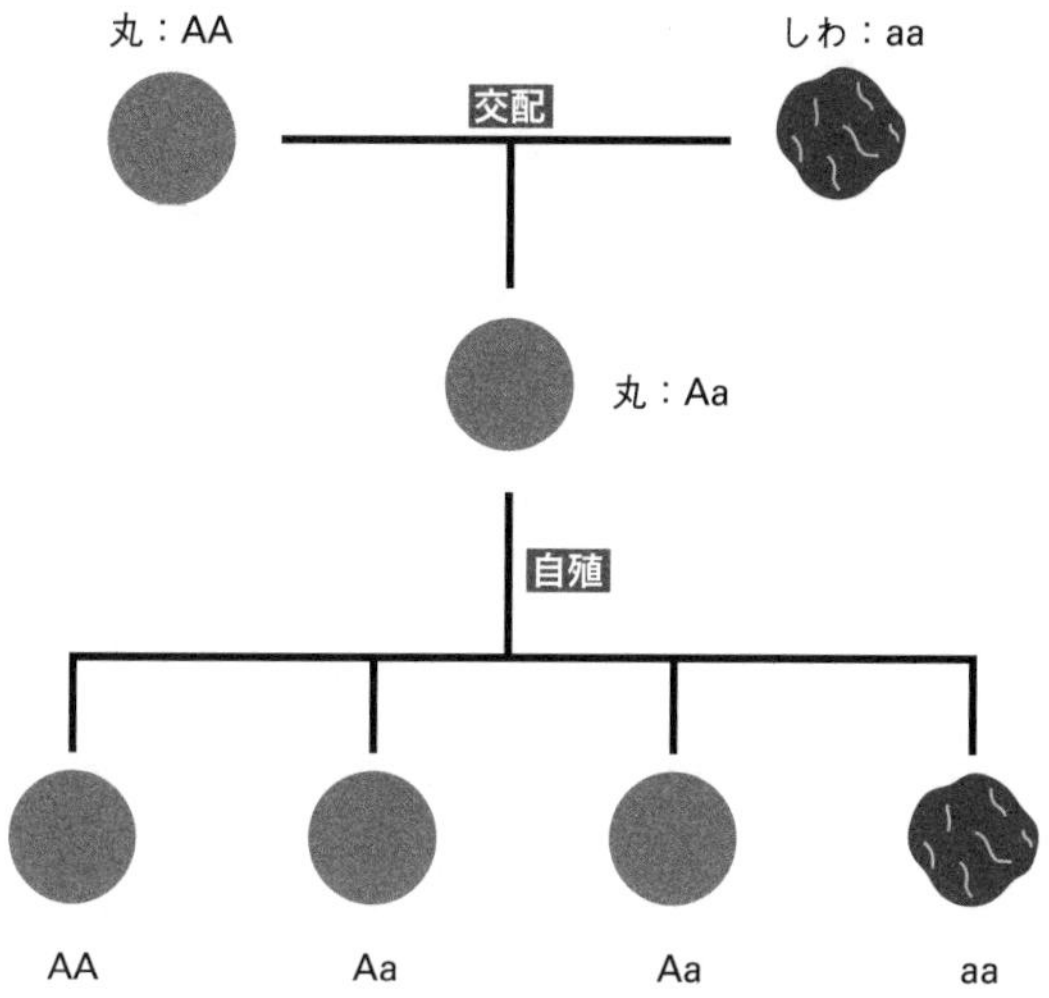

図表2-1　エンドウマメにみるメンデル遺伝学

今ではメンデルの法則は中学の理科で教えられるようになったが、よく使われる例はエンドウの種子の遺伝だ。

エンドウ豆には「しわのある豆」と「しわのない丸い豆」がある。そして、例えば、しわの豆と丸い豆（第1世代）を交雑すると、第2世代は丸い豆だけが生じ、さらに第2世代の丸い豆同士を自家受粉すると、その次の第3世代は、丸い豆としわの豆が3：1で生じることがある（図表2-1）。メンデルは以下のことを仮定するとこの現象をうまく説明できると考えた。

（1）丸い豆に対応する遺伝子（A）としわの豆に対応する遺伝子（a）がある。
（2）ある世代は2つ遺伝子を持ち、遺伝子は両親から1つずつ伝わる。
（3）Aとaの組み合わせではAが優先する。

種明かしをすると、第1世代の親はAA（丸）とaa（しわ）の遺伝子を持ち、第2世代はAとaを親から受け取ることでAaとなり、すべて丸い豆となる。そして、第3世代ではAa×Aaの組み合わせからAA、Aa、aA、aaが生じるため、丸豆としわ豆が3：1になる、という理屈である。メンデルは「遺伝子とは何か」はもちろん、「なぜ2つの遺伝子を持つのか」、「なぜAはaに優先するのか」といった理由は一切知らなかったが、自身のデータをうまく説明できる「原理」を見出したのである。

「なぜ2つの遺伝子を持つのか」を現在の生物学で解説すると、多細胞生物の多くは相同な染色体を2セット持つ2倍体だからである。例えば、ヒトの男性は22本の相同な染色体を2セットとXYを、女性は22本の相同な染色体を2セットとXXを持つが、各染色体は両親から1セットずつ受け取ったものである。精子や卵には2セットのうち半分だけ伝わり（半数体：

減数分裂〈図表２‐２、次ページ〉という特殊な細胞分裂で生じる）、それが合体（受精）すると、２倍体（つまり私たちの体そのもの）になる。

　丸い遺伝子Ａとしわの遺伝子ａは、エンドウのとある染色体上に存在する遺伝子（対立遺伝子と呼ぶ）で、両者でほんの少しだけその構造が違っていると考えられる。現在では、その遺伝子はデンプン分子の枝分かれ構造を合成する酵素ＳＢＥ１をコードしていることが分かっている。

　「なぜＡはａに優先するのか」という点については、優性・劣性という言葉を聞いたことがあるかもしれない。「優れている、劣っているとはどういうこと？」という誤解が生まれるというので、現在は顕性（現れる）・潜性（潜む）という言葉が使われているが、そのままではよく分からない気がする。

　実は上記の例でＡではＳＢＥ１遺伝子が正常な構造を保っているため、酵素がちゃんと働いて豆の水分が保持されて丸くなるのに対し、ａでは遺伝子が壊れていて酵素が働かなくなり、水分が失われてしわになる。ということは、Ａ遺伝子が１つでもあれば酵素が働いて豆は丸くなるけれど、aaのようにＡがなければしわになってしまう。

　この事実から、なぜＡが優性（顕性）でａが劣性（潜性）になるのか、が理解できる。こ

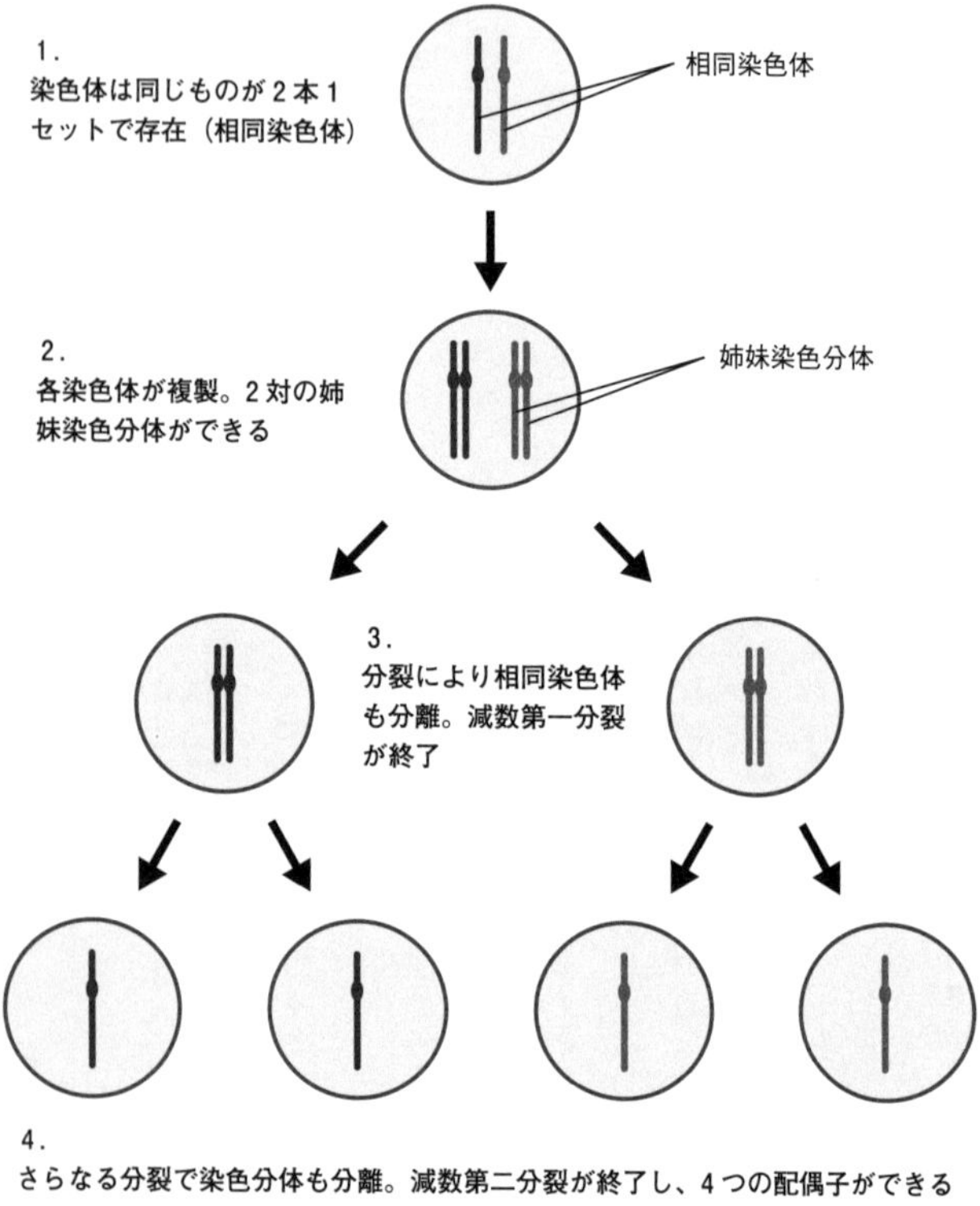

図表2-2　減数分裂のしくみ

のような単純な法則に従う例は、実際はかならずしも多くないが、遺伝の基本的な原理はよく理解できるだろう。

遺伝子とは何か

「超遺伝子」を理解するには、まず「遺伝子」を知っておく必要がある。しかし、「遺伝子」という言葉もよく分からないものかもしれない。正確に説明しようとすると生物の教科書のようになってしまうので、ここではエッセンスだけをお伝えしたい。

　メンデル以降、細菌やウィルスを使った実験により、生物の形質はＤＮＡによって制御されていることが分かった。また、ワトソンやクリックはＤＮＡが「アデニン（Ａ）」「グアニン（Ｇ）」「チミン（Ｔ）」「シトシン（Ｃ）」という４種類の塩基（物質だが、アルファベットのようなものと考えればよい）が大量に並んだ情報分子であることを見つけた（図表２-３、次ページ）。

　例えば、ヒトの１つの細胞の中には、23対の染色体（46本のＤＮＡと考えてよい）があるが、

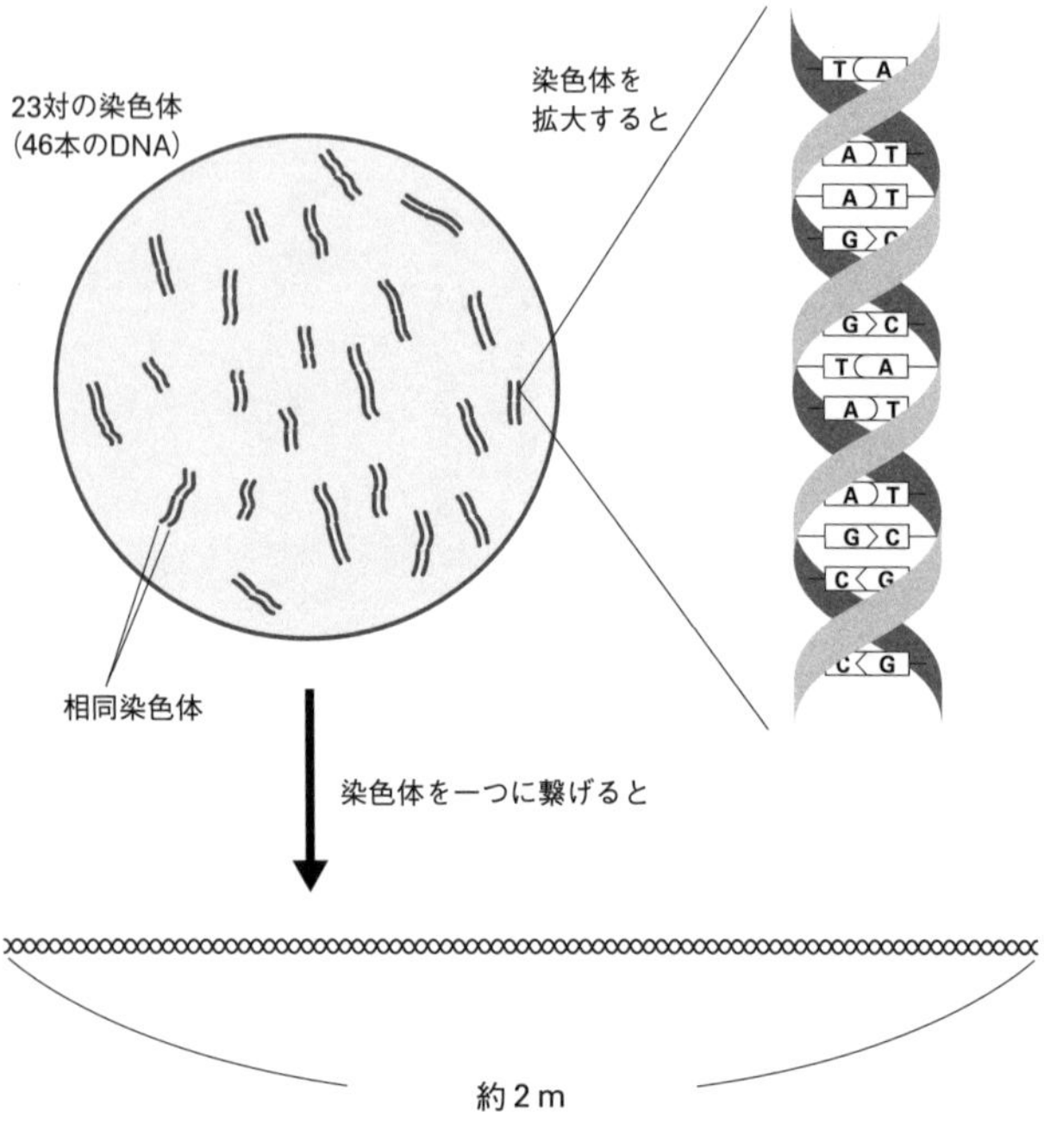

図表2-3　ヒト細胞にみるDNAと染色体の構造

その全部を合わせると２ｍほどの長さで、約１２０億塩基ほどになる（正確にはＤＮＡは２本鎖になっているので60億塩基対）。その情報量はパソコンでは１・５ギガバイトほどで、大したことはないと思う人もいるかもしれないが、細胞1個に含まれている情報量であることを忘れてはならない。人体には37兆個（60兆という説もある）もの細胞があると推定されているので、仮に２００時間以上録画できる2テラバイトのハードディスクだと、２８０億台分の情報量が私たちの体に含まれていることになる。

ＤＮＡは細胞が分裂するたびに同じものが正確に複製され、また細胞の中で働くときは、ｍＲＮＡという分子に写し取られた（転写）後、タンパク質に「翻訳」される（図表２-４、次ページ）。タンパク質は20種類あるアミノ酸が並んだ巨大な分子で、生命活動を担う最も重要な分子と考えられる酵素はタンパク質である。

平均的なサイズのタンパク質は３００個ほどのアミノ酸からできているが、アミノ酸の並び方と組み合わせを変えると、20の３００乗種類という天文学的な数のタンパク質が生じうる。ただ、実際に体の中で使われるのはごく一部だ。タンパク質の機能はアミノ酸の特定の並び方によって決まるが、そのアミノ酸の配列はＤＮＡの塩基配列（ｍＲＮＡの情報は写し取った元のＤＮＡと同じ）をもとに決まっていく。この作業が「翻訳」である（同図表）。タ

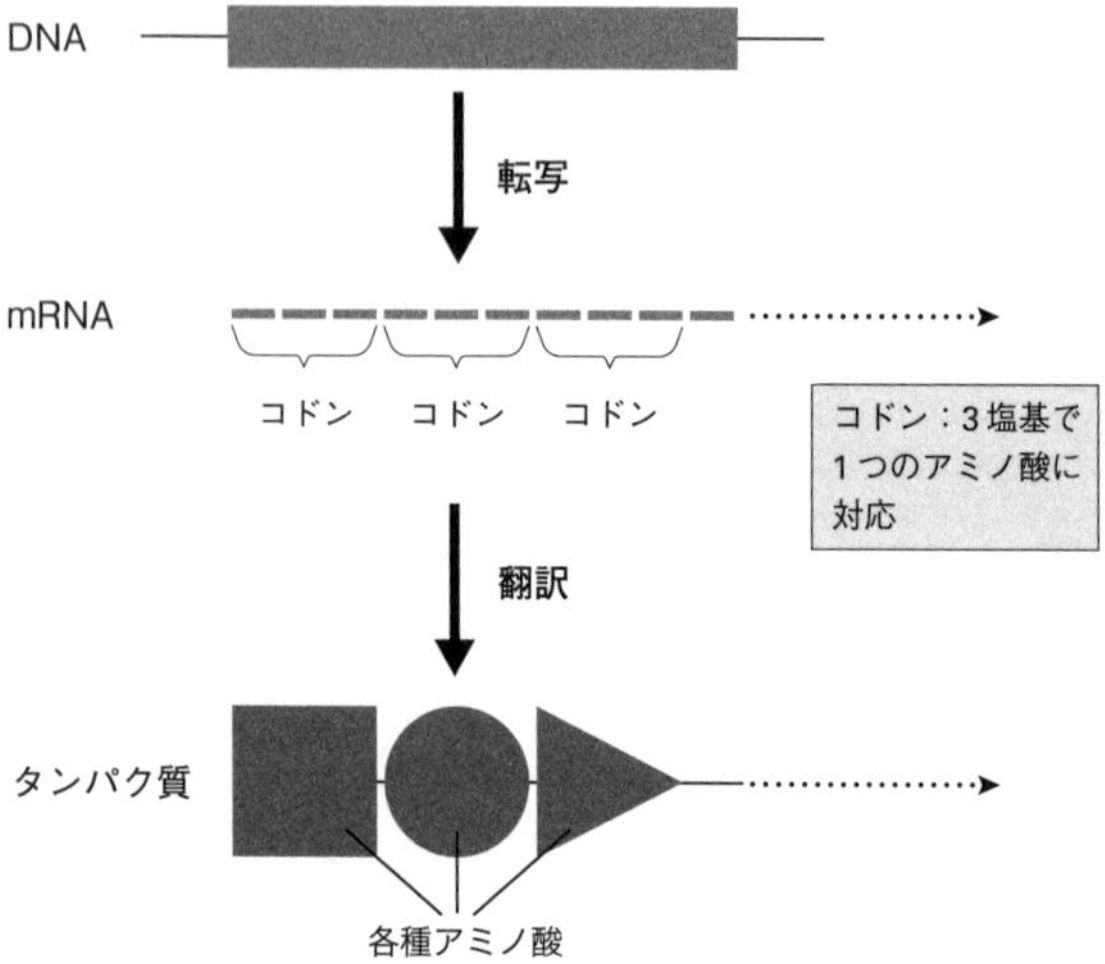

図表2-4　遺伝子が翻訳されるまでの流れ

ンパク質の作り方の詳細は述べないが、塩基配列３個の並び方（コドン）で特定のアミノ酸１個が指定されるので、３００個のアミノ酸の並び方を指定するのには、９００個の塩基配列が必要となる。

　つまり遺伝子とは、端的にいえば「タンパク質のアミノ酸配列を規定するＤＮＡの配列セット」だといえる。全部で64種類（４の３乗）あるコドンのそれぞれに、どのようなアミノ酸が対応するのかは、今から50年以上前に明らかになり「遺伝暗号表」とも呼ばれているが（図表２-５）、地球上に存

第1塩基	第2塩基 U	第2塩基 C	第2塩基 A	第2塩基 G	第3塩基
U	UUU フェニルアラニン	UCU セリン	UAU チロシン	UGU システイン	U
	UUC	UCC	UAC	UGC	C
	UUA ロイシン	UCA	UAA 終止※2	UGA 終止	A
	UUG	UCG	UAG	UGG トリプトファン	G
C	CUU ロイシン	CCU プロリン	CAU ヒスチジン	CGU アルギニン	U
	CUC	CCC	CAC	CGC	C
	CUA	CCA	CAA グルタミン	CGA	A
	CUG	CCG	CAG	CGG	G
A	AUU イソロイシン	ACU トレオニン	AAU アスパラギン	AGU セリン	U
	AUC	ACC	AAC	AGC	C
	AUA	ACA	AAA リシン	AGA アルギニン	A
	AUG メチオニン※1	ACG	AAG	AGG	G
G	GUU バリン	GCU アラニン	GAU アスパラギン酸	GGU グリシン	U
	GUC	GCC	GAC	GGC	C
	GUA	GCA	GAA グルタミン酸	GGA	A
	GUG	GCG	GAG	GGG	G

※1 多くのタンパク質合成はメチオニンから始まる。
※2 終止コドン。アミノ酸は記録されておらず、合成が終わりの合図。

参考文献60をもとに作成

図表２-５　コドンとアミノ酸の対応関係

在する生き物が原則的には同じ暗号表を用いているのは面白い。

ヒトの巨大なＤＮＡ（全体を指すときはゲノムという）には遺伝子が約２万、つまり２万種ものタンパク質の設計図が記録されている。ヒトの体を維持するのに２万ものタンパク質が必要なのかと驚くか、人間の高度な生命活動がわずか２万で維持できるのかと訝《いぶか》るか、どちらだろう。細胞やその発生時期でｍＲＮＡへと写し取られる遺伝子の種類は異なり、また、ｍＲＮＡの作り方を変えてタンパク質の種類を増やすという方法もあり、非常に複雑な遺伝子の制御機構でヒトの生命活動は維持されている。現時点でもその詳細は明らかになっていない。

一方、背丈より長いヒトのゲノムの中で、タンパク質の情報をコードする領域はわずか1・5％ほどしかなく、長さにすれば3㎝ほどである。つまり、ヒトのゲノムでは遺伝子は大海に浮かぶ小島のように、隙間だらけのような状態になっているのだ。大腸菌のゲノムの大きさは、ヒトのゲノムの650分の1以下だが、遺伝子は約4400、つまりヒトの5分の1程度であり、遺伝子はゲノム中に余すところなくぎっしりと詰まっている（図表2‐6）。

このヒトゲノムにある遊休地のようなスペースは何なのだろう。以前は、ヒトゲノムでタンパク質コード領域以外の部分は役に立たないジャンク（ごみ）と見られていたが、ジャンク領域が遺伝子の働き方を制御する上で重要なことが徐々に分かりつつある。

血液型を決める1つの遺伝子

「超」という接頭語がついているからには、超遺伝子は「ふつうの遺伝子」と何か大きく異

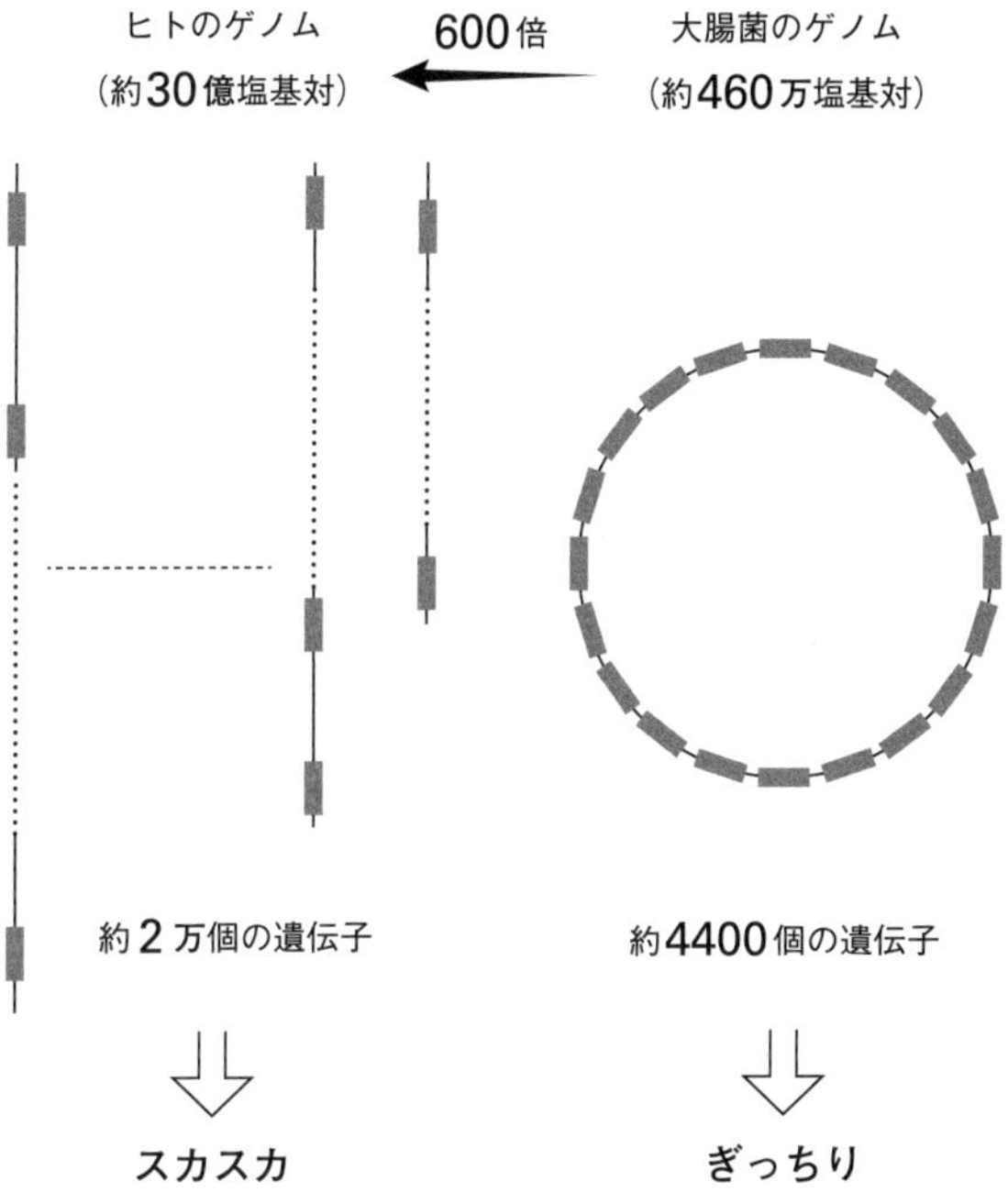

図表２-６　ゲノムの大きさの違い

なっていると思われるだろう。それを理解するには、「ふつうの遺伝子」についてもう少し話をする必要がある。ヒトの遺伝に関して、よく話題になるのは血液型と身長なので、それを例に整理しよう。ウォレスが例えたように私たちの体に関する遺伝子のほうが分かりやすい。

実際に当たるかどうかは分からないが、性格や相性の占いなどでよく使うヒトのＡＢＯ式血液型は、メンデルが使ったエンドウ豆の形と同じように、ある１つの遺伝子だけが関与している。では、前述したように遺伝子は何かのタンパク質をコードしたものであるとしたら、ＡＢＯ式血液型のタンパク質は何なのだろう。

答えは、第９染色体上の遺伝子が決めている糖に関する酵素である。

糖にはたくさんの種類があり、例えば、砂糖の主成分であるショ糖は、ブドウ糖（グルコース）と果糖（フルクトース）がつながったものだ。グルコースやフルクトースは最も簡単な糖で単糖ともいわれる。また、デンプンはたくさんのグルコースがつながったもの（鎖のようなもので糖鎖ともいう）である。グルコース同士のつながり方にもいろいろな種類があり、食感なども異なるのでご存じの方も多いだろう。

血液型を左右する糖に関する酵素というのは、赤血球表面上のタンパク質に特定の糖鎖をつける酵素で、Ａ型糖鎖（糖の鎖の最後がNアセチルグルコサミン）をつける酵素と、Ｂ型糖鎖（糖の鎖の最後がガラクトース）をつけるものがあり、それぞれの遺伝子は塩基のレベルで７カ所（アミノ酸にすると４カ所）配列が異なっている。つまり、Ａ型の人ではＡ型糖鎖、Ｂ型の人ではＢ型糖鎖がついており、AB型の人では両方の糖鎖がついている。また、Ｏ型は突然変異によってこの酵素が働いていない（図表２-７、次ページ）。

　エンドウ豆で丸型（酵素が働く）としわ型（酵素が働かない）の２種類が対立遺伝子だったのに対し、ＡＢＯ式血液型ではＡ型、Ｂ型、Ｏ型の３種類の遺伝子（対立遺伝子）がある。例えば、AB型のヒトはＡとＢの２つの遺伝子（２倍体なので）を持ち、Ａ型糖鎖とＢ型糖鎖のいずれも持つのに対し、Ｏ型のヒトはＯとＯの遺伝子でこれらの糖鎖がついていない。優性、劣性という言葉を使うと分かりにくいが、酵素の働き方を考えると、それぞれの形質が簡単に理解できるはずだ。ちなみにＡＢＯ式血液型は、バクテリアやウィルスの感染に関係している可能性があり、Ｏ型のヒトはピロリ菌（胃潰瘍の一因）に感染しやすいといわれている。

　さて重要な点は、エンドウ豆の形にしろ、ＡＢＯ式血液型にしろ、１個の遺伝子が異なる形質を生み出していることである。１つではないが、数個の遺伝子の働きによって花の色や

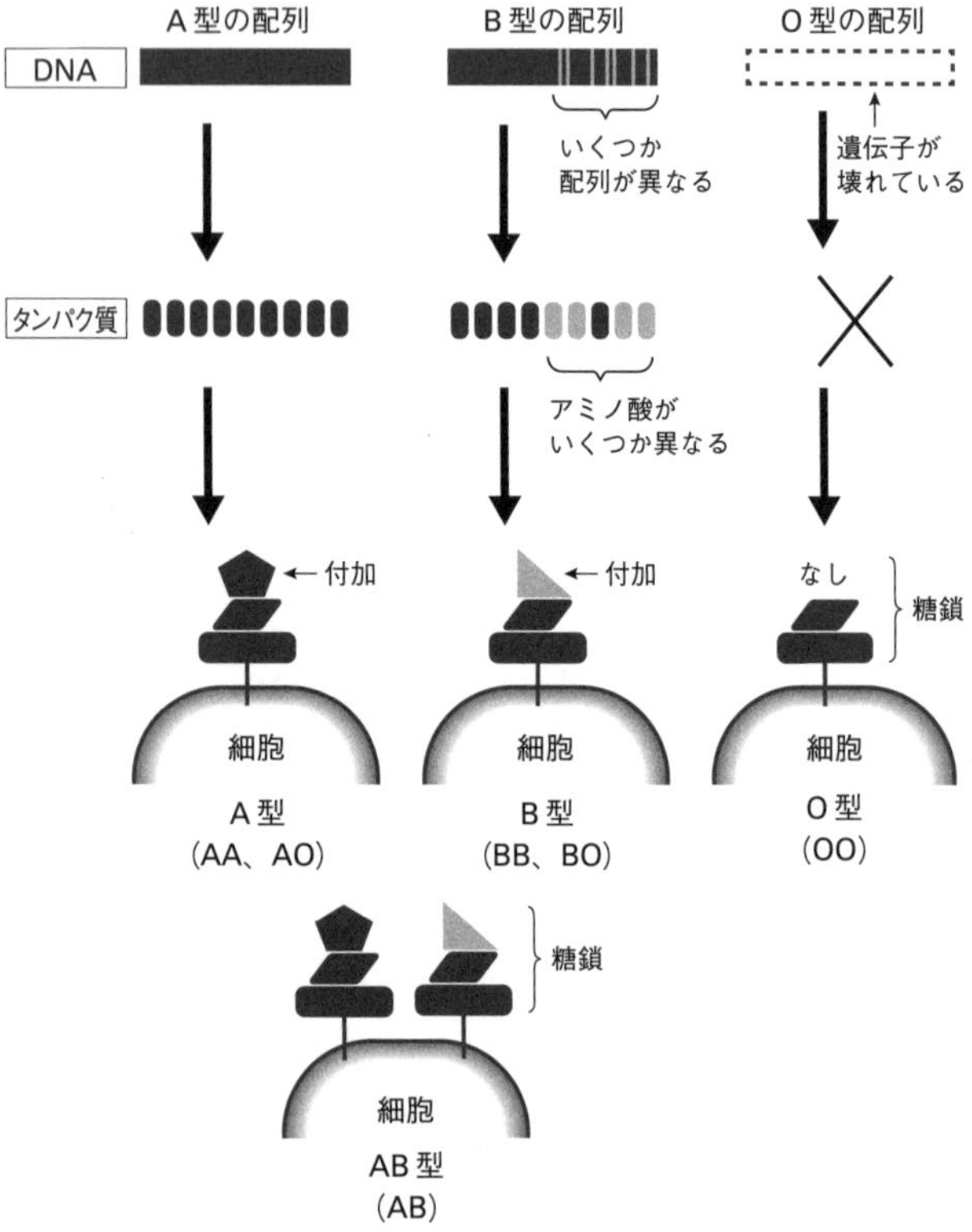

図表2-7　血液型は1つの遺伝子で決まる

生物の形が変わる現象もよく見られ、このような単純な遺伝様式は考えやすいので、中学や高校の教科書でも示されることが多い。１個もしくは少数の遺伝子で制御される形質は、のちに述べる「量的形質」と対比して、「質的形質」と呼ばれることもある。

そもそも、同じ種なのに個体によって異なる形質が生じるのはなぜなのだろう。最も多いのは「突然変異」によって遺伝子の中の塩基配列が変化する場合である。アミノ酸を指定するコドンのうち、例えばＡＴＧというＤＮＡ配列はメチオニンというアミノ酸を指定するが、最後の塩基が突然変異によりＣに変わってＡＴＣになると、イソロイシンという別のアミノ酸を指定するようになる。このような変化はたった１塩基でも、酵素の働きを変えたり、失活させてしまうことがある。

突然変異はごくまれにしか起こらないが、酵素の活性が変化した遺伝子がそのまま残れば、異なる性質を持つ個体が、同じ生物種の集団内に混在し、「種内多型」が生じる。種内多型とは、イヌの犬種を考えると分かりやすい。チワワ、ブルドッグ、セントバーナードは同じイヌだが、外見や大きさなどは全く異なる。こうしたさまざまな犬種は人為的に選択して作り出されたが、すべて同じ犬（哺乳類 食肉目 イヌ科 イヌ属の *Canis lupus familiaris*）という種に属しており、種内多型といえる。

このように外見や性質からすぐに分かる場合もあるが、ＡＢＯ式血液型のように一見しただけでは分からない場合もある。Ａ型の人か、Ｂ型の人かを外見で判断できる人はいないだろう。しかし、血液型も種内多型の１つの例だ。種内多型は、スーパージーンにとっては重要な概念で、この後も何度か説明することになるので記憶にとどめておいてほしい。

ちなみに、種内多型が集団内に維持されるには、それぞれの型（犬ならば犬種）に何か優位な点がある、もしくは何の違いもない、のいずれかだろう。犬の例については、人間が好む犬種や役に立つ犬種を、人為的に維持しているという点でかなり特殊である。

血液型については、おそらく血液型がA型、B型、O型、AB型でも生存能力や生殖能力には差がなく（もしくはそれぞれに利点と欠点があるのか）、そのまま集団内に存在しているのだろう。その出現頻度は、国によって大きく異なっているようだ。それに、生存にとってもっと重大な影響を与える遺伝子ならば、悪い突然変異が生じたら集団からなくなってしまうだろう。

身長を決めるたくさんの遺伝子

血液型は見た目からは何も分からないが、私たちは普段から多くの「種内多型」を目撃している。ウォレスが比喩したように、髪の毛、肌の色、目の色などは人種によって大きく異なっている。また、同じ日本人であっても、身長はもちろん、顔の形や体型、声、運動能力は全く違う。これらの形質は、はたして上記のように１～２個の遺伝子で制御されているのだろうか？　このことは、親からその形質がどう遺伝するかを想像してみればよい。

例えば、父親が１８０㎝で、母親が１５０㎝の子供の身長を考えてみよう。正確に統計的な中間の身長になることもあるだろうが、男女差を考慮しても、大きい場合もあれば小さい場合もあり、さまざまである。これは身長の決定にはたくさんの遺伝子が関与しているからだ。また、これらの遺伝子の多くはバラバラの染色体上に存在しており、多くは複数の対立遺伝子（身長が大きくなるように作用するか、小さくなるように作用するか）からできている。

ヒトの23対（46本）の染色体は、精子や卵を作るときに減数分裂という過程で半分の23本になるが、どちらの染色体が選ばれるかは基本的にはランダムだ。とすると、例えば、異な

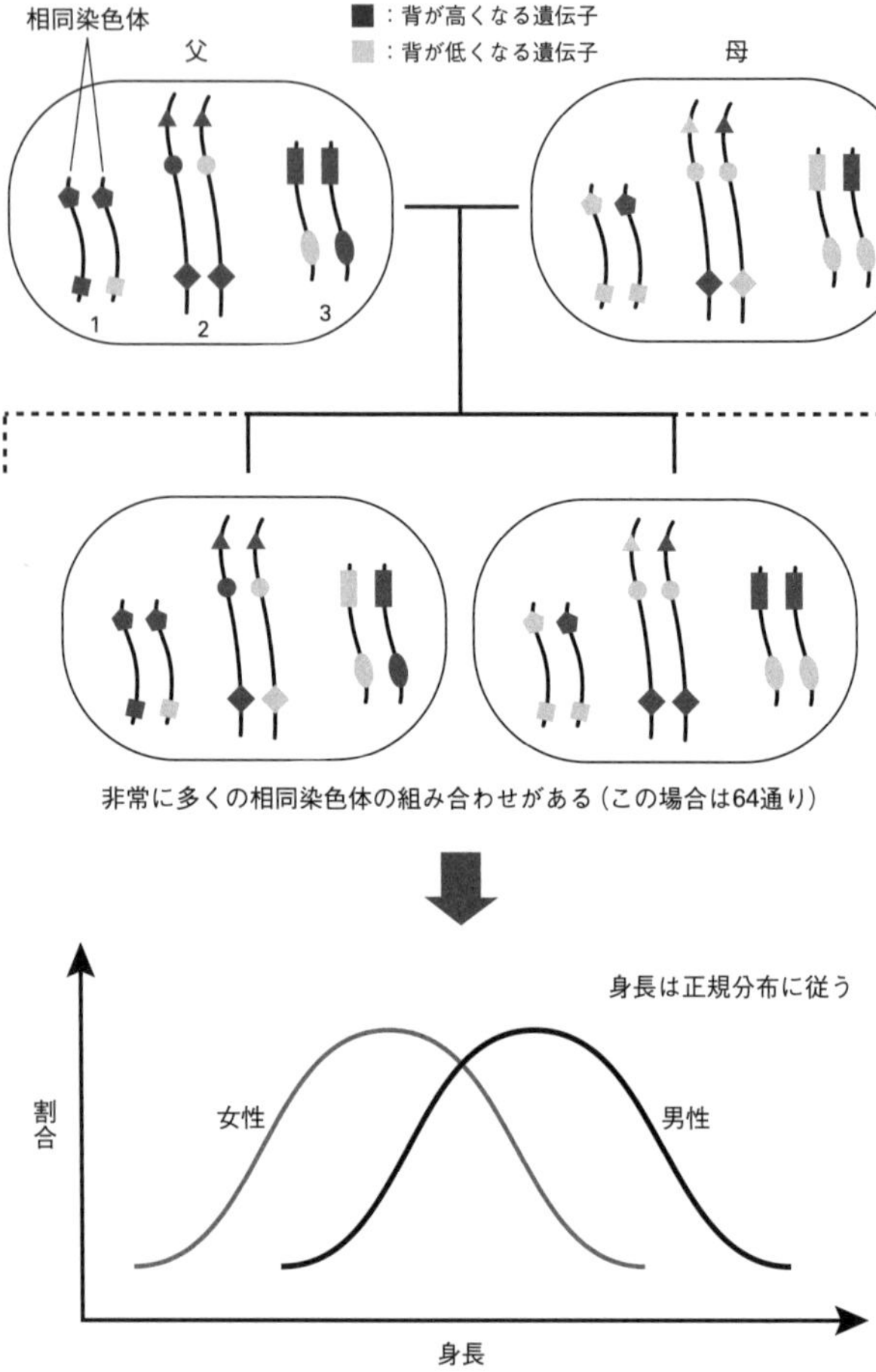

図表2-8　身長はたくさんの遺伝子で決まる

る染色体にある10個の遺伝子が身長の決定に関与していると仮定し、また高くなる遺伝子と低くなる遺伝子の数の和によって身長が決まるとすれば、母の卵と父の精子のそれぞれで、どの相同染色体が選ばれるかによって子供の身長も変化するかもしれない（図表2－8）。

実際は、個々の遺伝子の効果を単純に見積もることは難しく、またもっとたくさんの遺伝子が関与していたり、生育環境も身長に影響するので、子供の身長を予測するのは非常に難しいだろう。ここで重要な点は、身長のような形質はたくさんの遺伝子が関与して決まるので、A、B、O、ABなどというようにはっきりと区別できず（不連続ともいえる）、連続的な値として表現されることだ。統計学的にはある高さをピークとして横に広がる正規分布を示す。

このような形質は「量的形質」と呼ばれる。どことなく父に目元が似ている、どことなく母に鼻の形が似ている、などという形質も量的形質だろう。ウォレスがナガサキアゲハで比喩したような、娘は代々必ず母と同じ鼻になる、息子は代々必ず父と同じ目元になる、といったことは「量的形質」ではあり得ない現象なのである。

ここで、ナガサキアゲハについて改めて考えてみよう。

ナガサキアゲハが毒蝶に似せるには、後翅の周りに赤いスポットを作る、後翅の白い紋様の形を似せる、後翅に尾のような突起を作る（尾状突起と呼んで、アゲハの多くには見られるが、擬態しないナガサキアゲハには見られない）など、さまざまな特徴を真似る必要がある。したがって、人間の顔と同じように、ナガサキアゲハの擬態も複雑な現象と考えられ、どの世代でも擬態型メスが同じ姿形になるはずがないと思えるのだ。

このような複雑な現象にはたくさんの遺伝子が関わっているはずで、たくさんの染色体にそれらの遺伝子がバラまかれているような状態（量的形質）では、次の世代で全く同じセットの遺伝子が選ばれることはないだろう。例えば、ある擬態型メスでは5個の相同染色体の片方だけに擬態を形成する遺伝子が分散しているとすると、次世代の擬態型メスで全く同じセットの遺伝子が生じる可能性は2の5乗分の1（32分の1）となる。

仮に擬態を形成する遺伝子の数が2個だとしても、必ず同じセットが選ばれるわけではない。つまり、ナガサキアゲハのような擬態を実現するには、毎世代で常に同じセットの擬態遺伝子群（複数の遺伝子）が伝わらなければならないのだ。

スーパージーンに至ることの難しさ

さて、ほとんどの遺伝的な形質は、前述したようにＡＢＯ式血液型のような１個（もしくは少数）の遺伝子か、身長のような「量的形質」に関わる複数の遺伝子で制御されている。では、ナガサキアゲハのように常に同じセットの遺伝子群が伝わるといった現象（スーパージーンによって制御されている）はどうすれば可能になるのだろう。

単純な回答は「その現象に関わる複数の遺伝子群が同じ染色体上にあればよい」というものだ。これならば、別の染色体にあってバラバラにしか伝わらない状況は回避できる。例えば、背が高くなる遺伝子群が同じ染色体にあって、父親から息子にその染色体が伝われば必ず背は大きくなるはずだ。

しかし、ここでまた１つ別の問題がある。

「組換え」という現象の存在だ。高校の生物学などで習った人も多いと思うが、卵や精子を作るときの減数分裂では、染色体がバラバラに選ばれるだけでなく、２つある相同染色体の間で「組換え（相同染色体組換え）」という入れ替え作業が起こるのだ（図表２‐９、次ページ）。

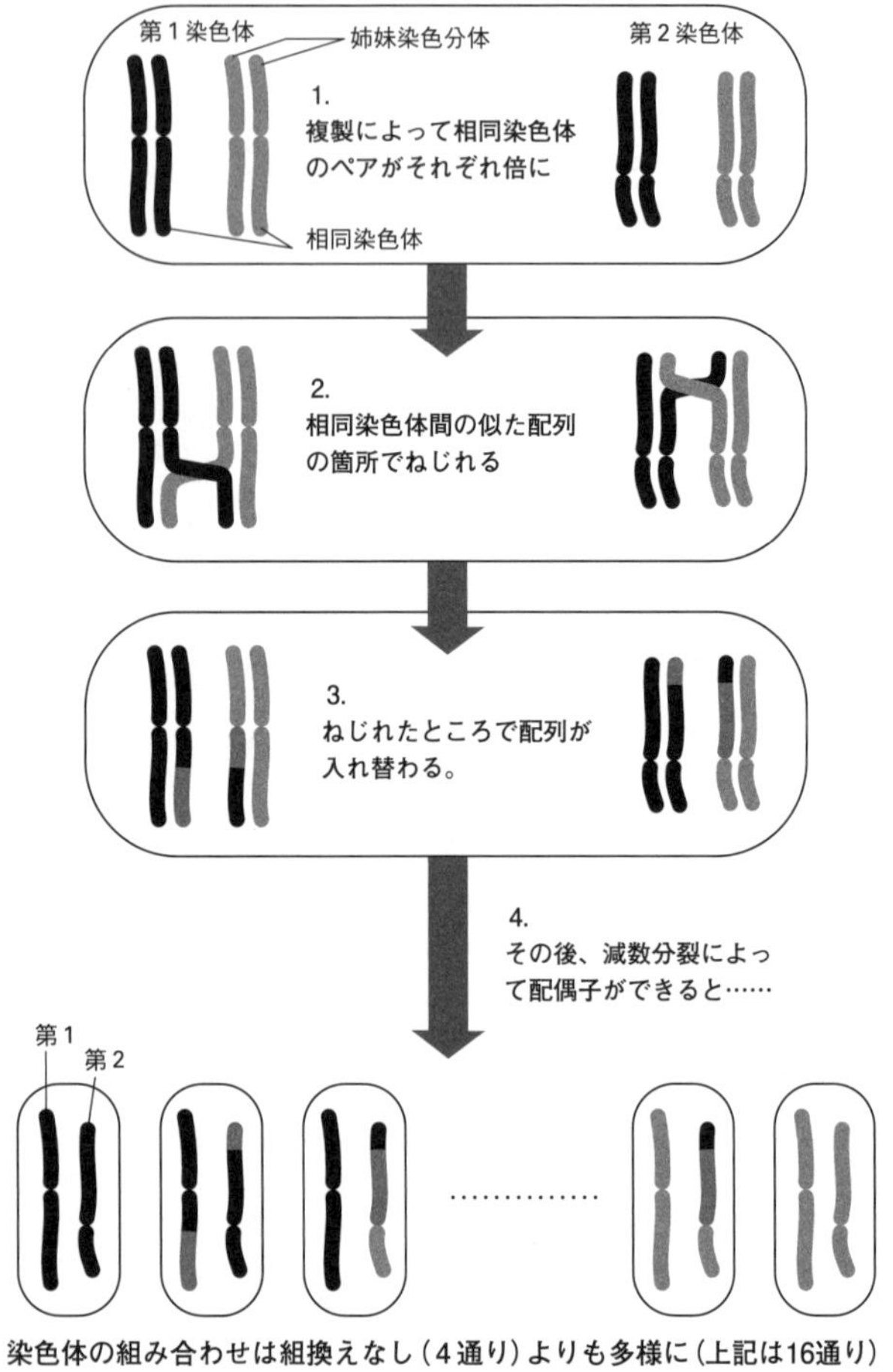

図表２-９　組換えによる遺伝的多様性

なぜそんな現象があるのか。おそらく、相同染色体をバラバラに選ぶのに加えて、「組換え」によってできるだけ多様な遺伝子の組み合わせが減数分裂で生じれば、次世代で多様な環境に適した個体が生じるからだろう（のちに赤の女王仮説で解説する）。

組換えは相同染色体が減数分裂の途中で互いにくっつき（対合という）、無作為に選ばれた染色体のいくつかの場所で、母型と父型の染色体の入れ替えが起こる。同じ染色体上にあっても、その途中で組換えが起こってしまえば、同じセットで遺伝子群は伝わらない。

ちなみに、相同染色体のＤＮＡは、わずかな塩基配列の違いはあるものの、ほとんど同じ配列をしている。基本的に私と私の妻では、ゲノムＤＮＡの99・９％は同じ配列で、違いは０・１％ほどだろう。そして、そのほとんどは1塩基（例えばGがAになるといった）の違いで、ＳＮＰ（一塩基多型）と呼ばれている。ただ、このわずかな配列の違いが私たちの顔の形や体質などさまざまな個人差に関係しており、病気のなりやすさに関連している場合もある。

そこで、最近では個々の症状の違いや体質にあったテーラーメイド医療や薬の開発に、ＳＮＰなどの違いが重視されている。組換えが基本的に相同染色体間で起こるのは、対合が起こるのが似たような配列を持つ者同士に限られるからと考えられる。実際、配列が大きく異なるヒトの性染色体XとYではほとんど組換えが起こらない。この事実はのちに重要になってくるので覚えておいてほしい。

第2章のまとめ

この章では、スーパージーンを理解するため、メンデルの発見を手はじめに遺伝学の基礎知識を紹介してきたが、手短にその内容を振り返って次章につなげたい。

メンデルは、種子の形や花の色など（形質）を制御する「要素」が、親から子へと伝わることによって、その形質が遺伝することを見つけた。この「要素」はDNA上に存在し、「遺伝子」と呼ばれるようになる。遺伝子（ヒトだと2万個ほど存在する）の情報はA、G、T、Cという4種類の塩基の並び方（配列）で決められている。

遺伝子の主な働きは、20種類のアミノ酸の種類と並び方を指定して、酵素などのタンパク質を作ることである。DNAからmRNAにコピー（転写）された情報をもとに、塩基3個（コドン）でアミノ酸1個を指定して、タンパク質は作られる（翻訳）。

多くの生物では、DNAは複数の染色体に分かれて存在し、体の細胞が分裂するたびにすべてのDNAが正確にコピー（複製）される。また体の細胞の中には相同な染色体が複数対（ヒトだと23対）あり、ある遺伝子が片方の染色体では正常でも、もう片方では配列が異常でうまく機能しないこともある。したがって、ある遺伝子の機能を考えるときは、相同染色体上の2遺伝子（対立遺伝子）の組み合わせ（例えば優性Aと劣性a）を考える必要がある。

一方、ヒトのABO式血液型と身長のような形質を比較すると、遺伝子の関わり方が大きく異なる。前者は1個の遺伝子によって異なる形質（A型、B型など）が生じ、後者はたくさんの遺伝子が関わり、それぞれの遺伝子は基本的にさまざまな染色体上にバラバラに位置している（量的形質）。

卵や精子を作る減数分裂では、相同染色体のどちらか一方だけが、ランダムに選ばれて伝わる。ABO式血液型では両親の血液型が分かれば、子供の血液型はある程度予想できる。他方、各染色体にバラまかれたたくさんの遺伝子が関わる身長では、両親の遺伝子のタイプが判明していても、関連遺伝子全体の効果を予測することは難しく、生まれてくる子供の身長を予想することは困難だ。

ウォレスは、ナガサキアゲハの擬態型のメスはどの世代であっても、いつも同じ形や模様をしている（決して擬態型と非擬態型の中間型はなく）ことを不思議に思った。この蝶の後翅の色や形は非常に複雑で複数の遺伝子が関与していると考えられるが、いつも同じ遺伝子群が伝わるためには、身長の遺伝子群とは異なり、特定の染色体上にすべてが集まっている必要がある。

しかし、減数分裂の際に相同染色体の間での、「組換え」という遺伝子の入れ替え現象が、今度は問題となる。組換えにより、染色体の中でも離れた位置にある遺伝子は、相同染色体の間で入れ替わってしまうからだ。したがって、ナガサキアゲハの擬態型メスを作るための遺伝子群は、特定の染色体の狭い範囲内に固まっているのではないかと予想される。

ただ、ウォレスの「ナガサキアゲハの擬態型メスと非擬態型メスの間には中間型が生じない」という指摘を、前述のアイデアだけで説明するのは不十分で、次章で述べるさらなる論理の展開が必要となる。

第3章

天才たちによる
スーパージーンの予測

ダーウィンは１８８２年に73歳で亡くなり、19世紀に王族以外で国葬が執り行われた５人のうちの１人となった。２０２２年９月にエリザベス女王の国葬が執り行われたウェストミンスター寺院で、アイザック・ニュートンの隣に埋葬されている。

ダーウィンが亡くなったとき59歳だったウォレスは、当時としてはかなり長生きし、１９１３年に90歳で亡くなった。ただ、ウォレスの生涯はダーウィンに比べると起伏にとんだものだった。

人生半ばで、ウォレスは心霊術や催眠術などにはまり、頭蓋骨の形などで占いをする骨相学に夢中になった。また、天然痘撲滅のための種痘に反対したり、土地の国有化に対しても持論を唱えたりするなど、社会的にもいろいろと物議をかもす行動をとり、変人扱いされることも多かったようだ。ダーウィンが亡くなる直前には経済的に困難な状況に陥り、ダーウィンが交渉してようやく政府から年金を支給してもらうことができた。

ダーウィンやウォレスの活躍もあり、19世紀は博物学と進化学で盛り上がった（論争も含めてだが）。しかし、20世紀に入ると学問の風向きが変わった。メンデルの法則の再発見である。また、染色体や遺伝子、突然変異などに関しても徐々に理解が進み、進化学の基盤となる知識が蓄積していった。ただ、実際には進化学と遺伝学は30年近く深い対立を続けることになった。

この対立に終止符を打った中心人物は生物学者ではなく、統計学者のロナルド・エイルマー・フィッシャー（１８９０‐１９６２）だった。遺伝学と進化学は理論的に統合しうることを１９３０年の著書で示したのである。また、彼は蝶好きでもあり、その著書でシロオビアゲハの擬態がスーパージーン（そのときはスーパージーンとは命名されていないが）で、制御されていることを初めて指摘した。

前章の最後に、スーパージーンが成立するためには、たくさんの関連遺伝子が染色体の１カ所に集まるだけではだめだと述べた。では、フィッシャーはどのように考えたのだろう。

本章では、遺伝学と進化学の対立に触れた後、フィッシャーが考えたスーパージーン、さらにその後の進化遺伝学の天才たちのスーパージーン物語を紹介しよう。

遺伝学と進化学の対立

メンデルの見つけた理論は19世紀にはほとんど注目されることなく、発表から35年後の１

９００年になって、ようやく再評価されることとなった。

オランダの植物学者ユーゴ・ド・フリースが、さまざまな植物種を用いた交配実験からメンデルとほぼ同じ結論を導き出したのだ。さらに、ほぼ同時期にドイツの植物学者カール・エーリヒ・コレンス（１８６４－１９３３）、少し遅れてオーストリアの植物学者エーリヒ・フォン・チェルマック（１８７１－１９６２）もメンデルの結果を再現した。

真の再発見者として評価が高いのはコレンスで、ド・フリースがメンデルの論文を当初引用しなかったのに対し、コレンスは明確にメンデルの発表を評価したという。また、コレンスは１９００年の論文の中で、メンデルの遺伝の法則が進化論の基盤になると述べ、遺伝学と進化学の接点を初めて示した。

ちなみに動物で初めてメンデルの法則を再発見したのは日本の外山《とやま》亀太郎（１８６７－１９１８）である。外山はカイコの虎蚕《とらこ》（縞模様の幼虫）と姫蚕《ひめこ》（真っ白い幼虫）などの系統の掛け合わせから、１９０６年の論文でメンデルの法則を実証した（筆者らの研究により、虎蚕と姫蚕の原因遺伝子は１００年以上経ってようやく解明された。第７章参照）。

さて、メンデルの法則の再発見によって生まれた遺伝学と、ダーウィンやウォレスが唱えた進化学は当初折り合いが悪かった。ダーウィンは、祖先種が少しずつ変化して近縁種が派生し、さらに小さな変化が起こり、より大きな違いの種が生じると考えた。その小さな変化はほとんど「連続的」といってよい。「連続的」とは、例えば、似たような近縁な甲虫がたくさん並べられた標本を見てもほとんど区別がつかない、新聞などで新種が見つかったという記事で、新種とこれまでの種の写真を見ても素人には全く違いが分からない、といったことを思いうかべればよい。

一方、メンデルの法則を再発見したド・フリースは、オオマツヨイグサから生じるさまざまな突然変異体を報告した。これは、ある遺伝子（要素）に変異が起こると、花が赤い、花が白いというように、生物種の特定の形質が大きく変化することを示す。つまり、突然変異によって「不連続的」といってもいい大きな変化が起こりうることを示したのだ。

こうしてダーウィンの少しずつ変化して新種が生じるという進化理論と、メンデルの信奉者が考える突然変異による大きな変化によって新たな種が生じるという遺伝理論は、20世紀初頭に激しく対立し、フィッシャーの登場を待つことになった。

フィッシャーの数奇な人生

フィッシャーは20世紀における最も偉大な科学者の１人であると評されることが多い。その名声はスーパージーンの提唱より、もっと影響力の大きな統計学での貢献によるところが大きい。フィッシャーは「現代統計学の創始者」とも呼ばれ、尤《ゆう》度《ど》（最尤法）や分散、有意差、カイ二乗検定、正規分布など、統計学を扱ったものならば知らない人はいない統計学上の概念を確立した。試しに「ロナルド・フィッシャー」とグーグル検索してみると、統計学関連のトピックが大量に出てくる。

フィッシャーは１８９０年にロンドンの一般家庭に生まれ、早くから数学の才能を発揮した。１９０９年にケンブリッジ大に入学して数学と天文学を学んだが、生物学、とくにダーウィンとウォレス（２人の名前が併記されている点が重要である。少なくとも彼の時代ではウォレスはダーウィンに消された男ではなかった）の進化に関する研究に魅了された。また、遺伝学の目新しさにも魅入られ、大学２年のときからは、のちに問題となる「優生学」へも傾倒するようにもなっていった。

大学卒業後は、第１次世界大戦も始まって経済的に困難な状況に陥り、カナダの農場労働者、パブリックスクールの統計学者、陸軍の兵士、ラグビー校の数学教師などを経験。大戦が終了した翌年１９１９年にイギリス東部のロザムステッド農業研究施設（現・ロザムステッド研究所）で統計学者として働くようになり、そこでの実践的な経験から数多くの統計学的概念を確立していった。

遺伝学者としてのフィッシャーは１９３０年に、『自然選択の遺伝学的理論』という本を出版し、その中で性選択や擬態に関して多くの考察を行っている。序文の冒頭で、「自然選択は進化ではない」と述べているのが印象的である。また、「若い数学者メンデルの統計学的興味は物理や生物科学にも及んだが、メンデルの実験は１８８４年に死去した後も全く評価されていなかった」とも書いており、メンデルを生物学者ではなく、数学者、統計学者として扱っていることは興味深い。

「メンデルの法則」が１９００年に再発見されたことも述べているが、フィッシャーはメンデルのデータでは期待値と観察値が一致しすぎていることを指摘しており、近年でもメンデルのデータの信憑性に関しては議論が起こっている。ただ、いずれにしろ統計学者の自分が、数学的知見をもって進化生物学に切り込んでいこうとする意気込みが本書では感じられる。

先ほども述べた通り、20世紀初頭は、19世紀半ばにダーウィンとウォレスが切り拓いた進化生物学と、再発見されたメンデルの遺伝学が「対立的」な関係にあったとされる。ダーウィンの自然選択説では、生物の形質は長い時間をかけてゆっくりと変化すると考えていたのに対し、メンデルの遺伝学では、エンドウの豆のような形質は少数の要素（遺伝子）の不連続な変化で起こる、と考えていたからだ。たしかに、エンドウの豆のような明瞭《めいりよう》な違いのある突然変異体を見せられると、あたかも同じに見える別種の甲虫が自然選択によってゆっくりと連続的に変化したという根拠は見つからないように感じる。

学術的には、進化は小さな連続的な変化（多数の遺伝子が関与する）と大きな不連続な変化（単一遺伝子が関与する）のどちらで起こるのか、という問題だが、あまり難しく説明するのは本書の趣旨から外れてしまうので、ここでは簡単に述べよう。結論をいうと、フィッシャーは「どちらも正しい」と考えた。（そのように意図したわけではないが）対立する学派をなだめる玉虫色の結論のようだが、実際のところどちらも起こりうる、というのは今から考えると当然のような気もする。

もう少し具体的にいうと、フィッシャーは、複雑で多様な形質も数多くの要素（遺伝子）の突然変異によって制御され、それらの組み合わせによって作り出される可能性を、統計学的な手法を用いて指摘した。ＡＢＯ式血液型もヒトの身長も、関与している遺伝子の数は大きく異なるが、メンデルの法則にしたがうことには違いない。つまり、自然選択の対象となる形質は、単一の遺伝子の突然変異でも多数の遺伝子の小さな突然変異の蓄積によっても変化し、場合によっては別の種（新種の創成：種分化）を作り出す可能性を指摘したのだ。

　ガラパゴス諸島には、ダーウィンが進化の興味深い例として紹介したフィンチ（ダーウィンフィンチ）という鳥がいる。そして、木の実を食べるのに適した丸い嘴《くちばし》をした種、木の穴に潜む虫をせせるのに適した細い嘴をした種など、このダーウィンフィンチには、さまざまな嘴をした種が存在する。ダーウィンはその姿があまりに違うので、一部のダーウィンフィンチは同じグループの鳥だとは思わなかったらしい。

　ダーウィンフィンチの嘴の多様性は、7年ほど前にスウェーデンのグループがＡＬＸ１（人間の顔や頭蓋骨の発達に関係することが知られていた遺伝子）の違いよって生み出されていると報告した。この報告は間違いではないが、それ以外にも嘴の多様性に関係している遺伝子は存在しているようで、フィッシャーの指摘と矛盾しない。

　フィッシャーによって、「ダーウィンとメンデルの間の矛盾」は解消されていったといってよい。フィッシャーによって示された理論は後に集団遺伝学として確立され、現在も多くの研究者が関わっている。農業試験場で突然変異体を多数観察していたフィッシャーにとっては、進化と遺伝がそれほど矛盾せずに理解できていたのかもしれない。『自然選択の遺伝学的理論』は、進化生物学と遺伝学をつなぐ意味で画期的だった。

さて、250ページほどのこの本を詳細に見ていくと、前半は遺伝や自然選択、優性、突然変異といった至極まっとうな話題について述べているが、異質に感じるのは、中ほどの7章で「Mimicry（擬態）」に25ページも割いているのと、後半は現代人から見るとかなり際どい人間社会に関する議論をしていることだ。昆虫の擬態を取り上げたのは、19世紀から20世紀にかけて博物館や収集家によってコレクションされた大量の昆虫標本から、擬態に関する興味深い例が数多く報告されたことが背景となっているのだろう（これについては次節で述べたい）。

他方、本の後半部分での人間の社会階級や不妊に関する記述は、第1次世界大戦後のヨーロッパ社会では必ずしも異端というわけではなかったかもしれないが、現代ではフィッシャーが傾倒した「優生学」という遺伝学や自然淘汰説がもたらした負の側面を感じさせる。『広辞苑』（第六版）では優生学を「人類の遺伝的素質を改善することを目的とし、悪質の遺伝形質を淘汰し、優良なものを保存することを研究する学問」と記している。ナチスが優生学を利用した非倫理的政策をとったことにより、第2次世界大戦後は「優生学」はタブーとなったが、日本やアメリカにおいても障害者に対する強制不妊手術などは戦後も継続されていた。

フィッシャーはこの本を著した頃、優生学会などで強制不妊手術などのキャンペーンを主導していたといわれ、後年は人種差別主義者とも非難された。フィッシャーの科学者としての偉大さとは別に、このような活動は、彼の名声を狂わせることになった。最近になって、彼の名前はさまざまな組織や賞、建物などからも削除されている。

スーパージーン仮説の登場

さて、話題をナガサキアゲハやシロオビアゲハの擬態のスーパージーンに戻したい。ウォレスが報告したナガサキアゲハの現象は実に不思議だ。彼は、数多くのナガサキアゲハを観察したところ、オス、擬態型メス、非擬態型メスは全く違う姿形をしているけれども（種内多型）、3つのそれぞれの姿形はいつも同じで、中間型のものは見当たらないといっている。

擬態型メスは毒蝶を真似ることによって鳥などから食べられないようにしている。オスや非擬態型メスと違って、その後翅の縁には赤い毒々しいスポットが並び、尾状突起が飛び出し、腹部はオレンジ色の警告色を呈する。もし赤いスポットがなくなったり、腹部が黒くなったりすれば、鳥は「毒蝶」とは思わずに食べてしまうかもしれない。つまり、擬態型メスの姿形はかならず同じように子孫に伝わらないと生死に関わるのだ。擬態と非擬態の中間型が生じては、擬態の効果は大幅に減少してしまうだろう。

ナガサキアゲハやシロオビアゲハの擬態型メスは翅の形や模様を毒蝶に似せるだけでなく、飛翔の仕方も毒蝶に似せているという。毒のある蝶は「食べてもマズい」ということを鳥などの捕食者に警告するために、自身の派手な模様を見せるようにゆっくりと飛ぶ。一方で、ふつうのアゲハはかなりの速さで飛翔するが、京都大学の来田村博士は飛翔の仕方をビデオに撮って分析し、擬態型メスはその飛び方まで毒蝶に似せていることを報告している。

形や模様だけでなく、飛翔の仕方まで似せるとなると、擬態の形質に複数の遺伝子が関与していると考えるのは自然だろう。ただ、ここで身長のような量的形質の話を思い出してほしい。量的形質にはたくさんの遺伝子が関わっているが、それらはさまざまな染色体にバラまかれている。さらに、減数分裂で精子や卵の染色体としてどれが選ばれるかは全く予想できない。したがって、何十世代にもわたり娘は必ず１６５㎝、息子は１７０㎝といったことは起こりえない。ふつうなら、中間型が現れるはずなのだ。

　では、ナガサキアゲハの擬態のように、たくさんの遺伝子が関わりながらも中間型が生じないようにするにはどうすればよいか。前章で述べたように、まずは同じ染色体にすべての擬態制御遺伝子が乗っている必要があるだろう。そうすれば、その遺伝子セットは次世代に一緒に伝わっていく可能性が高い。

　しかし、それだけでは減数分裂のときに起こる相同染色体の間の組換えで、同時に伝えなければならない遺伝子セットが分断されてしまうかもしれない。とすると、それらの遺伝子セットは同じ染色体の中でも隣接して存在する必要があるだろう。

　しかし、このやり方でも組換えが起こらないという保証はない。何十世代の間には「擬態を引き起こす遺伝子セット」の中で組換えが起こってしまう可能性はある。その場合は、擬態型と非擬態型の中間型のメスが生まれるだろう。複数の遺伝子が染色体の１カ所に集まっていても、必ず同じ形質が伝わるとは限らないのだ。

　フィッシャーは、擬態は自然選択説では他を差し置いても議論すべき対象であると考えた。

『自然選択の遺伝学的理論』の一節で彼は、ミューラー型擬態とベイツ型擬態について、蝶の擬態現象を中心に集団中で擬態に関するメンデルファクター（本文中ではMendelian factorと呼んでいる）の挙動について議論している。

フィッシャーは、シロオビアゲハの擬態型メスには、さまざまな毒蝶に似せた（地域などによって異なる）いくつかのタイプがあり、色、形、模様などが複雑に組み合わさった形質は、さながら1個の遺伝子のように、染色体上の1カ所に集まった複数の遺伝子が関与しているはずだと考えた。また、性染色体と擬態を比較しながら、「ヒトの性染色体X・Yと同じように、相同染色体の間で構造が大きく異なっているため、擬態を制御する領域では組換えが起こらないようになっている」という斬新なアイデアを考えた。実際にフィッシャーは、この著書で「このような多型の形質は、一つもしくは少数のメンデルファクターによって制御されている」と述べ、「複数の遺伝子があたかも一つの遺伝子として挙動し、組換えが抑制されることがベイツ型擬態の多型性の維持には重要なのだ」と説いている。

多くの研究者はこの文面によってスーパージーンの仮説が提唱されたと考えている。１００年近く前に、統計学的観点からだけでスーパージーンの存在と、その維持には組換えの抑制が必要であるとフィッシャーが予測したのには、10年以上の歳月をかけて分子生物学的手法を用いてそのことを証明しようとしている著者から見ると驚きである。

フィッシャー自身は使わなかったが、その後、性染色体のような特殊な構造をした遺伝子群を、本書のタイトルにもなっている、スーパージーン（超遺伝子）と呼ぶようになった。

こうして、１５０年ほど前にダーウィンとウォレスによって議論された「メスだけに限定されたベイツ型擬態の蝶」の不思議に、１００年ほど前にフィッシャーによって提唱された「スーパージーン」という奇妙な遺伝子群の不思議が加わったわけである。

ドブジャンスキーの発見

フィッシャーがいう「組換えが抑制される構造」とは何なのだろう？

彼自身は述べていないが、そのことを示した人物がいる。フィッシャーによってスーパージーンの概念が出された後、ショウジョウバエを研究していたテオドシウス・ドブジャンスキー（１９００-１９７５）は、染色体の一部がひっくり返った状態（染色体逆位と呼ぶ）になると、相同染色体の対合が抑制されることを報告した。フィッシャーの組換え抑制のアイデアとドブジャンスキーの逆位の発見が結びついて、スーパージーンはより具体的な仮説になった。

進化遺伝学者として世界的に著名なドブジャンスキーは、帝政ロシア時代のウクライナ出身で、高校時代は蝶の収集に熱中したようだ。１９２４年までキエフ（キーウ）大学におり、キエフで結婚し、一女をもうけたが、１９１８年にはロシアの革命遠征軍がウクライナに侵攻してキエフが占領されてしまうなど、２０２３年現在と似た混乱の時代だった。

彼はこの混乱から逃れるようにアメリカに移住し、ショウジョウバエ研究の大家トーマス・モーガン（１８６６-１９４５：後にノーベル医学生理学賞を受賞）のもとで研究した後、コロンビア大学などで研究を続けた。後年には「Nothing in Biology Makes Sense Except in the Light of Evolution（進化に照らし合わさない生物学に意味はない）」という有名なエッセイを書き、現在も多くの進化生物学者がこのフレーズを引用している。ちなみに、２０２４年の新五千円札のモデルとなる津田梅子（１８６４-１９２９）も在米中に一時期モーガンのもとで学んで、共著の論文まで出している。

ドブジャンスキーは、性染色体のXとYの間で大幅に構造が異なると組換えが起こらないのと同様に、逆位の領域では相同染色体の塩基配列が完全に異なるため、対合が起こらず、

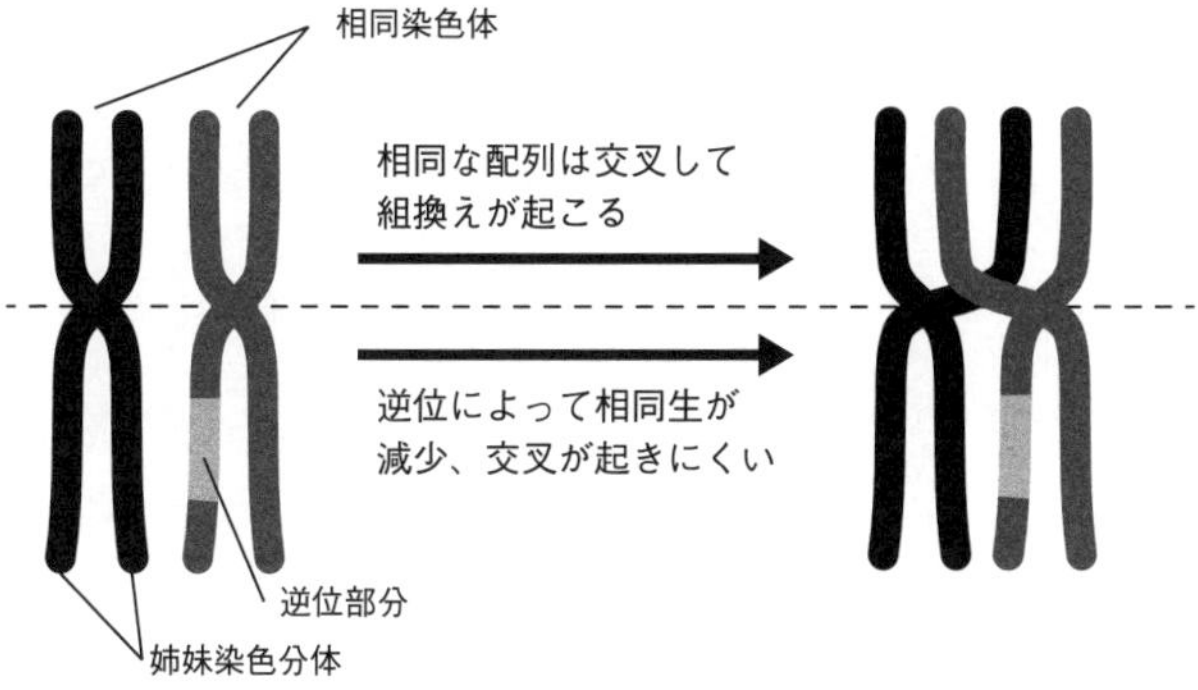

図表３-１　逆位で組換えが抑制されるしくみ

組換えが抑制されると考えた。実は、逆位は比較的よく見られる現象で、さまざまな生物の染色体で観察される。逆位部分にある遺伝子群は組換えしないため、さながら１つの遺伝子のように挙動することになる(図表３-１)。

１９４９年にはダーリントンとメイザーが、複雑な適応現象と関連する、組換えが抑制されて固定された遺伝子群をスーパージーンと呼び(ドイツの研究者のほうが先に命名したともいわれるが)、フィッシャーの仮説に名前をつけた。彼らは、染色体逆位は複数の遺伝子群を「釘づけ」するような役割を果たしているのだろうと推測。さらに１９７０年、晩年のドブジャンスキーはスーパージーンの定義として、「同じ現象に適応する複数の遺伝子群は染色体の逆位領域で固定され、一つの単位として遺伝していく」とコメントしている。

第2次世界大戦後、遺伝学者たちはスーパージーンの実体を探索したが、当時の研究の中心となったのは、サクラソウのめしべの長さが変化する現象とナガサキアゲハなどアゲハチョウのベイツ型擬態だった。これらの現象は古くからスーパージーンの制御下にあると目されていたからだ。スーパージーンの研究で重要なのは、同じ種の中に明確に異なる形質、種内多型が見られることである。スーパージーンに制御された種内多型が集団内に共存していること自体が生態学的には重要なのである。サクラソウやアゲハチョウなどでは目で見てもはっきりと分かる種内多型がある。

遺伝学者たちは、このような多型の原因になっているスーパージーン領域を古典的な遺伝学的手法で調べようとした。古典的手法とは、突然変異体や交配可能な近縁種との間の交配実験により、原因となっている遺伝子がどの染色体のどの領域にあるか（遺伝子座）、それらがどのように次世代に伝わるのかを調べるものである。

例えば、ある植物の形質（種子の形と花の色）に着目して、それらの遺伝子座が別の染色体上にある場合、それらはバラバラに遺伝していくことになる。しかし、同じ染色体にあれば、多くの場合、2つの形質が連動（連鎖）して子孫に伝わっていく。この同じ染色体上にあるグループは連鎖グループと呼ばれ、どの連鎖グループに所属しているかは、遺伝子を同定していく上で大きな情報となる。

一方、たとえ種子の形と花の色の遺伝子座が同じ染色体に連鎖グループであったとしても、相同染色体間で組換えが起こると、ある一定の頻度でバラバラになってしまう。ここで、組換えがどの染色体領域でもほぼ均等に起こると仮定すると、遺伝子座間の距離は組換え頻度（組換え価：％だが、モーガンに敬意を表してセンチモルガンと呼ぶ）で表すことが可能だ。つまり、遺伝子座間の距離が遠いほど組換えの頻度は上がると考えられる。

例えば、種子の形と花の色の遺伝子座が４回に１回の割合（25％）で組換えが起こる場合と、種子の形と葉の形の遺伝子座が10回に１回の割合（10％）で組換えが起こる場合では、花の色より葉の形のほうが豆の形の遺伝子座により近いと想定できる。

こうして、たくさんの形質を使って、各遺伝子座の連鎖グループを作り、さらには同じ連鎖グループの間での相互の位置関係を調べると、各遺伝子の場所を示した地図のようなものができあがる。このような地図を連鎖地図といい、遺伝学的手法が使える（実際には飼育や交配が簡単で、突然変異などが多数見つかっている）生物種では現在でも作られている。

2人の研究者に暴かれたスーパージーン

ナガサキアゲハやシロオビアゲハに関しては、主に第2次世界大戦後に遺伝学の研究が進められた。その研究の中心となったのは、2人のイギリス人である。

1人はシリル・クラーク（1907-2000）だ。彼は医者としてのキャリアを積み、1972年に引退するまでリバプール大学で医学部の教授を務めた。血液型のRhマイナスの女性が妊娠した際の免疫応答（Rh病）の治療でよく知られている。

もう1人は、フィリップ・シェパード（1921-1976）である。実は彼もリバプール大学の遺伝学の教授でRh病についてクラークとともに研究していた。彼らの共通点は、2人とも蝶や蛾などに目のない「蝶屋」であり、おそらく昆虫に関する興味で強く結びついていたのだろう。

彼らは、一部のメスのみが毒蝶に擬態する、ナガサキアゲハやシロオビアゲハが本当にスーパージーンによって制御されているかに強い興味を持っていた。そこで、これらの蝶を掛け合わせて、親の形質が子にどのように伝わるか、その形質を持つ子の数を数えた（分離比を調べるという言い方もする）。その結果、これらの蝶の擬態はメンデルの法則に従って遺伝し、擬態形質（翅の警告色や翅の後ろに尾状突起がある）が、非擬態形質（擬態形質がない）に対して優性であることが示された。例えば、擬態の遺伝子をA、非擬態の遺伝子をaとすると、AAとAaのメスは擬態型を示すのに対し、aaのメスは非擬態型を示したのだ。

しかし、不思議なことにメスと違ってオスはAA、Aa、aaどの場合も同じ模様しか示さなかった。オスとメスで模様が違うので、こうなると性染色体が絡んでいるのかと思うかもしれない。赤と緑を識別しにくい赤緑色覚異常は日本では男性で20人に１人、女性だと５００人に１人に見られるが、その原因遺伝子はX染色体にあることが知られている（男性はXYなので１個の遺伝子異常で発症してしまう）。

ところが、２人の遺伝学者は、アゲハの擬態遺伝子は雌雄で大きく異なる発現を示すのに、その原因は性染色体ではなく、常染色体上にあることを見つけた。現在でも、なぜこれらのアゲハのメスとオスで形質が大きく異なるのか完全には分かっていないが、私たちの研究で徐々に明らかになりつつあり、本書の後半でその種明かしをしたいと思う。

さて、こうしてクラークとシェパードは、２つの蝶の擬態に関わる翅の警告色や尾状突起といった全く異なる形質がどのように遺伝しているのかを調べた。ふつう、このような形質は別々の染色体にある遺伝子座で制御されているので、独立に遺伝する可能性が高い。もしくは仮に同じ染色体上にあったとしても、ある頻度で組換えを起こして中間型が生じるはずである。

しかし実際は、これらの形質はいつも同じように挙動し、次世代に伝わっていった。さらに、ウォレスが観察したのと同じように、シロオビアゲハのメスでは少なくとも擬態型と非擬態型の中間型（例えば翅は警告色を示すが尾状突起はないといった）は全く観察されなかった。これらの結果は、擬態に関わる形質がスーパージーンによって制御されていることを意味する。ちなみに、ナガサキアゲハでも、擬態はスーパージーンによって制御されていることが示された。

それまで机上の空論だったフィッシャーの仮説は、ようやくその姿を現したのである（図表3－2、90ページ）。

第3章のまとめ

本章では、メンデルの再発見に端を発して、20世紀初頭にダーウィンの進化論を支持する学派とメンデルの遺伝理論を支持する学派が対立していた状況をまず紹介した。２派の学者たちは、進化が「たくさんの遺伝子が関わった小さな変化の積み重ねによるものなのか」、それとも「単一の遺伝子が関わった大きな変化によってもたらされるのか」という議論を30年近く続けた。

しかし、統計学者のロナルド・フィッシャーが１９３０年の自著『自然選択の遺伝学的理論』で、２つの学説には矛盾はなく、統一できることを示した。これは後に統合進化説（ネオダーウィニズム）とも呼ばれるようになった。

１００年近く、多くの遺伝学者・進化学者はフィッシャーの１９３０年の著作を、統合進化説を提唱した点や、集団遺伝学の礎を築いた点から高く評価してきた。一方で、フィッシャーがこの著書で初めてスーパージーンの概念を提唱したことについては、日本ではほぼ触れられることはない。おそらく、スーパージーンという言葉自体が日本では使われることはほとんどなく、海外の学術専門誌でもこの10年ほどで再び注目を集めるようになった馴染《なじ》みの少ない概念だからだろう。スーパージーンはそれほど長く忘れさられていた「化石」のような言葉であり、一方で進化遺伝学の最新のトレンドにもなっている。

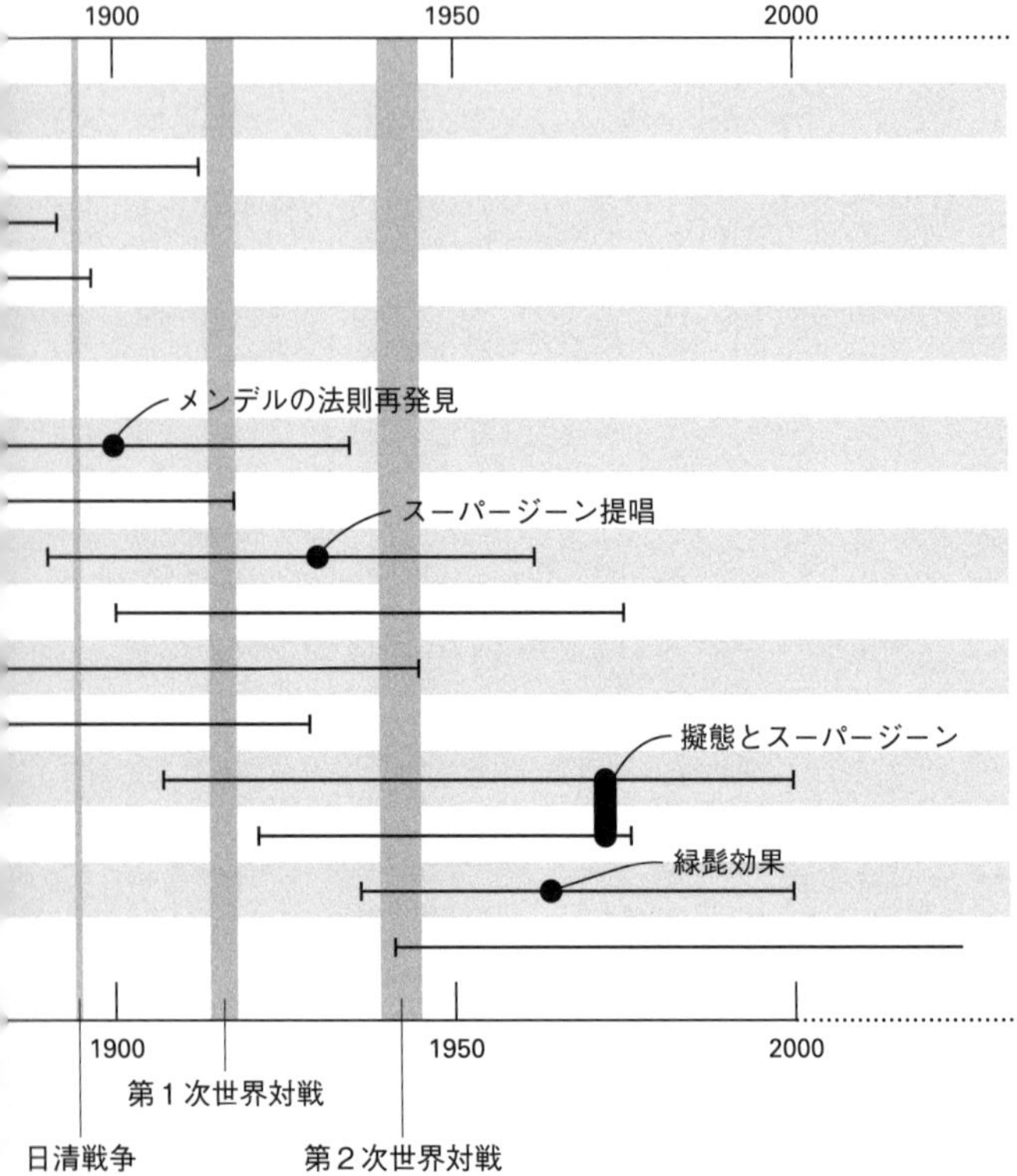
1900
1950
2000
メンデルの法則再発見
スーパージーン提唱
擬態とスーパージーン
緑髭効果
1900
1950
2000
第１次世界対戦
日清戦争
第２次世界対戦

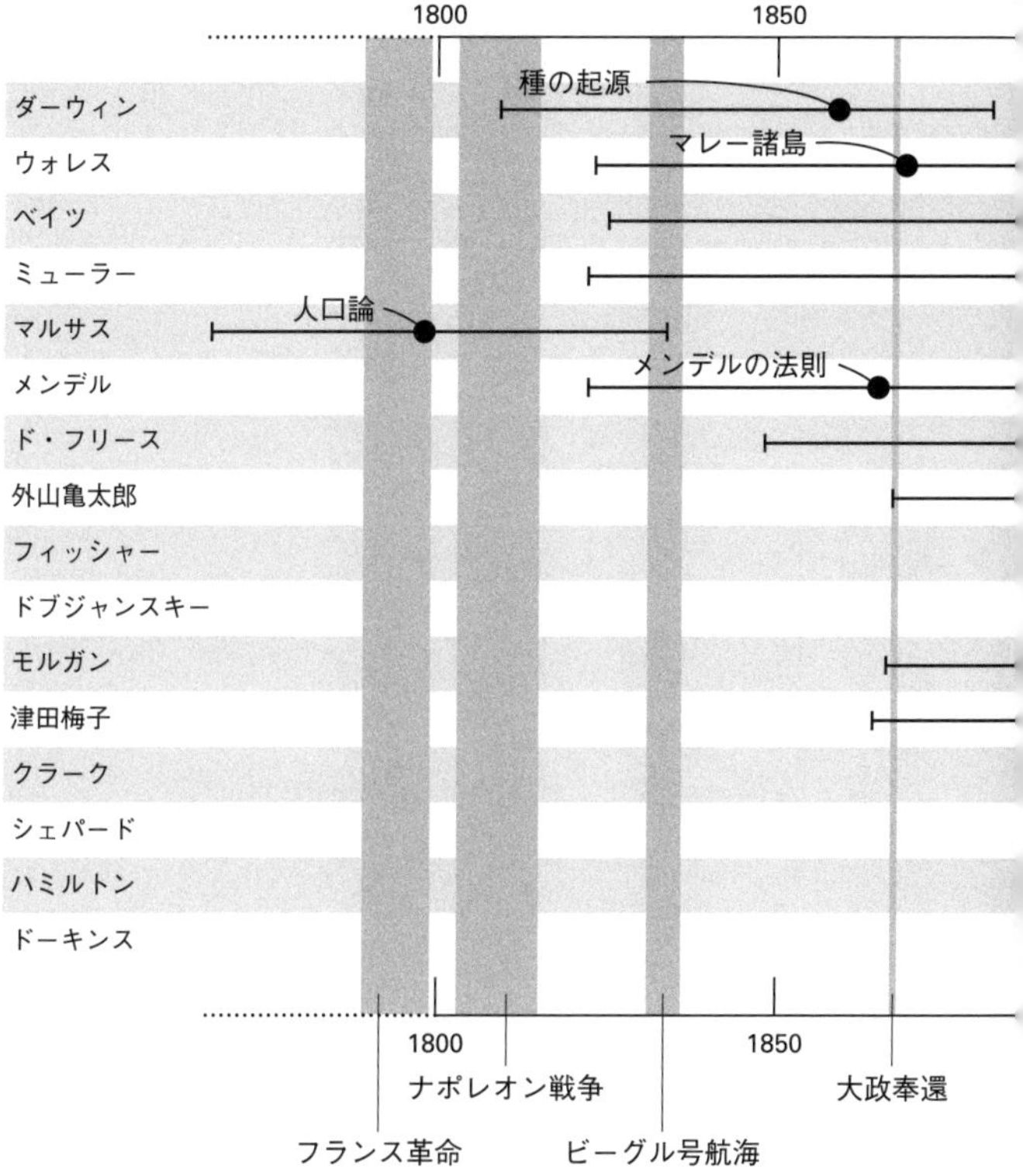

図表３-２　スーパージーン物語の登場人物

ここで、ジーンとスーパージーンの違いをもう一度整理しておこう（図表3‐3）。

ジーン（遺伝子）

①1個のジーンには、1つのタンパク質の情報が含まれている。
②個々のタンパク質は、細胞や体の中で酵素や体の成分になるなど、単一の働きを持つ。
③ヒトのゲノムの中には2万個ほどの遺伝子が存在する。

スーパージーン（超遺伝子）

①複数のジーンが集まって、擬態などの複雑な現象を引き起こす。
②複雑な現象が毎世代起こるためには、スーパージーンの構造は変化してはならない。
③そのためには複数のジーンは染色体の1カ所に集まる必要がある。

しかし、スーパージーンに関して③だけでは不十分である。なぜなら、組換えという現象によってスーパージーンの一部が、他の相同染色体に乗り移ってしまう可能性があるからだ。

フィッシャーが卓越しているのは、「組換えを抑制することがスーパージーン構造の維持に

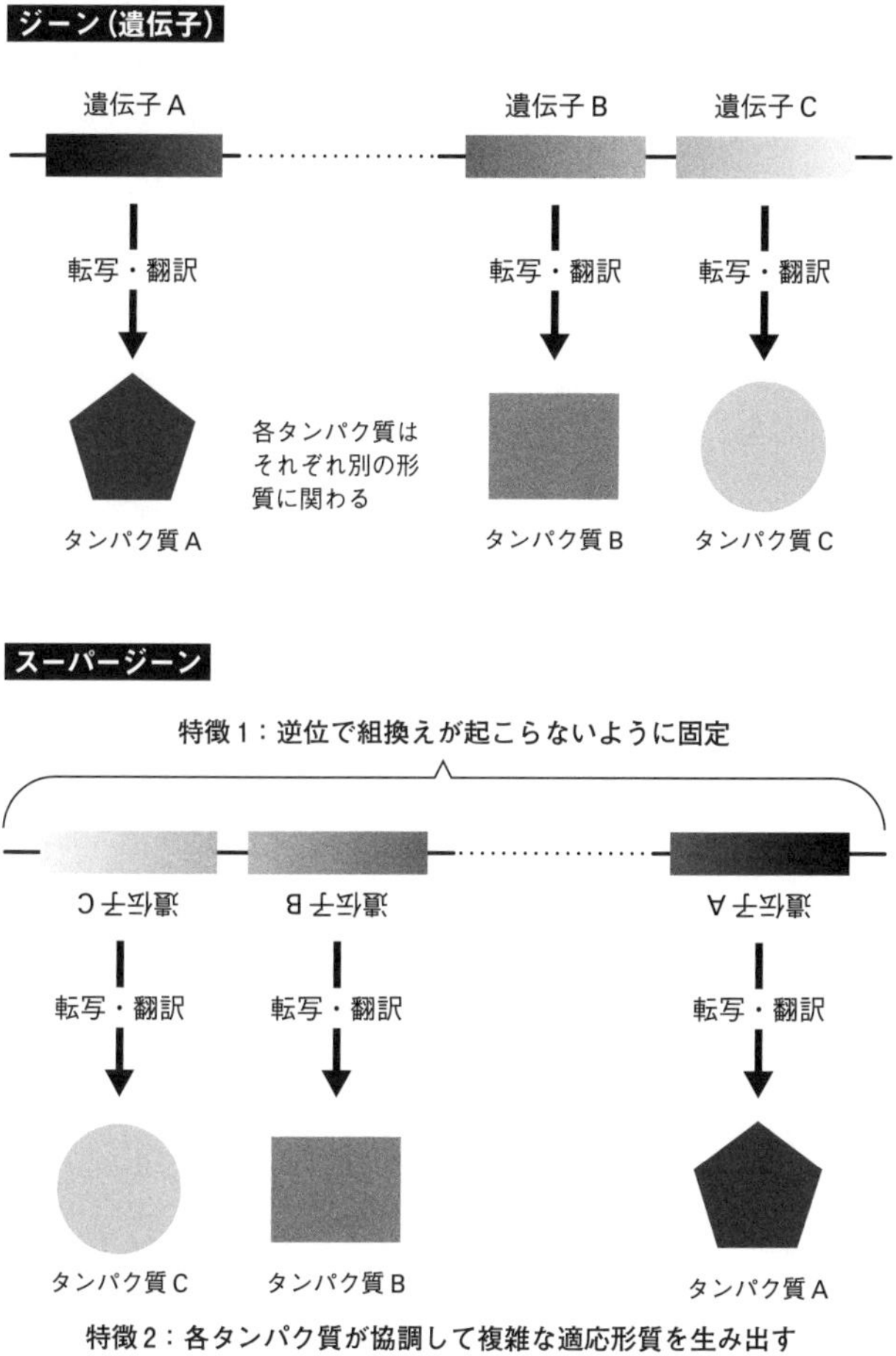

図表3-3　遺伝子とスーパージーンの違い

関与しているはずだ」と指摘したことである。

同じ頃、ドブジャンスキーは、相同染色体の一部がひっくり返る「染色体逆位（逆位）」が組換えを抑制することを報告した。このことは、専門家の中でも知らない人がいる。逆位以外にも組換えを抑制する方法はあるようだが、フィッシャーのアイデアとドブジャンスキーの報告が結びついて、スーパージーンの条件には次のものも加わった。

④逆位によってスーパージーン構造が維持される（ことが多い）。

本章の最後では、クラークとシェパードが古典的な遺伝学を使って、アゲハのベイツ型擬態にスーパージーンが関わっている可能性を示したことを紹介した。しかし、「そのスーパージーンにはどのような遺伝子が含まれているのか？」「本当に複数の遺伝子が含まれているのか？」「逆位が存在するのか？」といったことはこの段階では全く分からなかったようだ。

スーパージーンの存在は、クラークやシェパードの時代からさらに数十年経った２０１０年代にならないと実証されなかった。スーパージーンの構造を確認するには、ゲノムすべての配列情報が解読される必要があったのだ。次章では、ゲノム情報の解読とスーパージーン研究の進展を解説したい。

第4章

加速する
スーパージーン研究

よい性質や能力などが引き継がれるときに、「○○のＤＮＡ」といった言い方をするのは、今では珍しくない。最近は、テレビでも「個人のゲノム情報を解析すると、ガンなど病気の診断に役立つ」といったＣＭを見かけるようになった。また、２０２２年のノーベル生理学・医学賞は、ネアンデルタール人のゲノム情報を解読したドイツのマックス・プランク研究所（沖縄のＯＩＳＴの客員教授でもある）のスバンテ・ペーボ博士に授与された。新型コロナウィルスに感染したときの重症化に関わる遺伝子が、ネアンデルタール人から受け継がれたというペーボ博士の報告は話題になった。

　このようにＤＮＡやゲノムという言葉は、私たちの日常生活でもありふれたものになった。新型コロナウィルスのパンデミックにより、免疫学や分子生物学に関する知識や情報が、圧倒的に増えたことも関係しているのかもしれない。筆者は大学でＰＣＲを使って実験しているが、生物学になじみのない人々がＰＣＲの原理やｍＲＮＡワクチンを話題にするなど全く想像もしていなかった。

　クラークやシェパードの時代からずいぶんと時が経った、この10年ほどの間にスーパージーン研究の世界は大きく変わりつつある。１００年ほど前は昆虫の擬態や植物のめしべの長さといったごく少数の例だけが知られていたが、現在では広範な生物の現象にスーパージーンが関わっていることが報告され、その数は現在も増え続けている。研究が進展した最も大きな要因は、全ゲノム情報（すべての染色体に含まれるＤＮＡの塩基配列の情報）の解読が非常に容易になったことが挙げられる。

本章ではスーパージーン研究にとってなぜゲノム研究が重要なのかについて説明したい。

ゲノム解読とスーパージーン

ヒトの23本の染色体のＤＮＡを全部足すと（半数体ゲノムともいう）約３Ｇｂｐ（約30億個の塩基配列）の配列を含み、この数値をゲノムサイズという。

ゲノムサイズは、大腸菌で４・６Ｍｂｐ（４６０万塩基対：ヒトの０・０１５％）、シロオビアゲハでは約２３０Ｍｂｐ（２億３０００万塩基対：ヒトの７・７％）と生物種によって大きく異なる（図表４－１）。ある生

生物種	発見年	塩基数（対）
大腸菌	1997	約460万
出芽酵母	1997	約1200万
線虫	1998	約１億
ショウジョウバエ	2000	約1.8億
カイコ	2004	約5.3億
メダカ	2007	約７億
マウス	2002	約26億
ヒト	2003	約30億

図表４-１　各生物のゲノムサイズ

物の全ゲノム情報にはすべての遺伝情報が含まれるので、より複雑な行動や形態を持つ高等な生物のほうが多くの遺伝子を含み、その結果、ゲノムサイズが大きくなることが多いが、例外も多く知られる。例えば、ユリのゲノムサイズは約１２０Ｇｂｐ（１２００億塩基対）でヒトの40倍ほどあるが、それほど高等な生物とは思えない。これは、ゲノムの中にある遺伝子以外の領域が大量に存在しているためで、遺伝子数はヒトよりは少ない（もしくは同程度）と考えられる。

２０００年にアメリカのビル・クリントン大統領は、ヒトゲノム解読の結果を「人類が作り出した最も重要かつ驚く内容の地図」と称えた。このプロジェクトには10年以上の歳月と１０００億円ものお金が投じられたといわれる（実際には、染色体末端の配列など未決定の部分が残されており、完全にヒトゲノム解読が完了したのは２０２２年のことである）。

しかし、塩基配列の解読装置の革命的な改善の結果、現在では、ヒト１人のゲノム解読は１週間程度、１０００ドル以下（しばらく前は１０００ドルゲノムといわれた）でできるといわれている。この価格をそのまま、ヒトゲノムの10分の１ほどの蝶のゲノム解読に当てはめると、１００ドルぐらいでできる計算になる。科学的な実験をするためには、より正確な配列を決める必要があるので、ヒトにしろ、蝶にしろ、実際にはもっとお金と時間はかかるが、解読時間とコストの劇的な低下は、生命科学研究のスタイルを完全に変えたといっても過言ではない。

全ゲノム配列の解読によって、例えば擬態型の蝶と非擬態型の蝶でどのように配列が違っているのか、染色体のどの部分で染色体逆位が生じているか、といったこれまで検討することすら難しかったことを明らかにできるようになった。その詳細については、後の章でシロオビアゲハなどを例にして述べていきたいが、スーパージーンの解明にとって重要な情報がゲノム解読によって得られることが分かり、数多くの研究者が「遺伝学の最後のフロンティア」ともいえるスーパージーン研究に参入するようになったのである。

注目すべき３つの特徴

さまざまなスーパージーンを探索する際に、重要な共通点は３つ挙げられる（図表４－２、次ページ）。

１つ目は複雑で適応的な生物現象に関連していることである。例えば、シロオビアゲハの

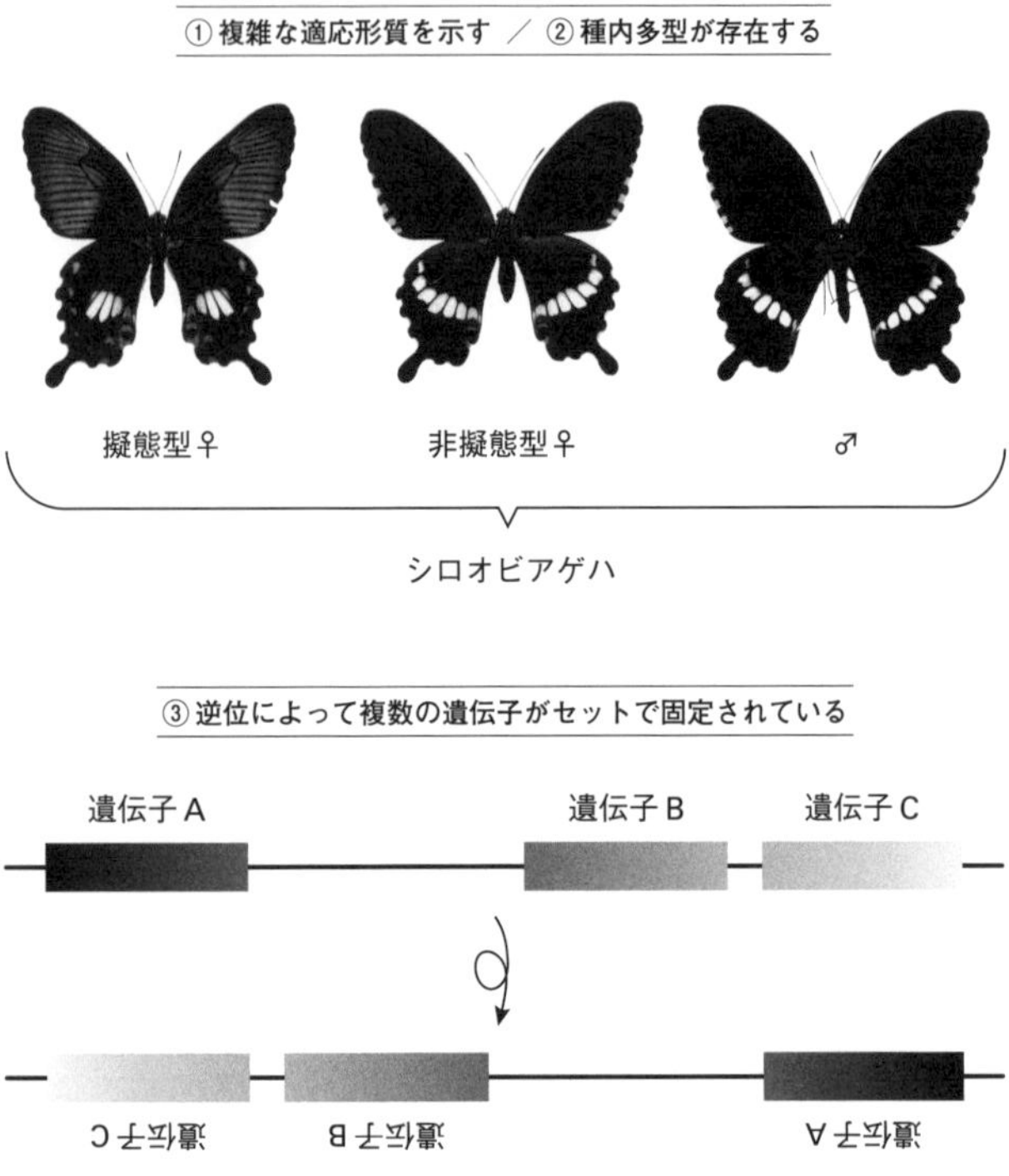

図表4-2　スーパージーンの特徴

擬態は、翅の紋様、翅の形、飛翔の仕方などを毒蝶に似せるという複雑な形質が組み合わさって、おそらく極めて長い進化の過程で最適化されたのだろう、と予想できる。また、本書の最初のほうで紹介した、ヒアリやエリマキシギに見られる現象も極めて複雑で適応的だと想像がつく。

　複雑な形質であるということは、数多くの遺伝子がその形質に関わっている可能性が高く、またそのような形質の一部が変わってしまったような中間型が生じると適応的でなくなり（尾状突起はあるけれど、翅の模様に警告色がない擬態型の蝶など）、その形質の効果が大幅に減少してしまうかもしれない。つまり、複雑で適応的な現象に関わっているスーパージーンの数多くの遺伝子は、あたかも１つの遺伝子のように挙動しなくてはならないのだ。

　２つ目は、相同組換えを抑制するための逆位（もしくはそれに代わるしくみ）が存在することである。複数の遺伝子が染色体上の１カ所に集まって、あたかも１つの遺伝子のように挙動したとしても、途中で組換えが起こると中間型が生じてしまう。そこで、組換えを抑制するしくみが必要となる。

　最も単純なしくみは染色体逆位だ。染色体中の配列がひっくり返ると、相同な染色体と配列が大幅に異なることになり、ドブジャンスキーが報告したように組換えが抑制される。これまで見つかったほとんどのスーパージーンにも逆位が存在する。染色体逆位は通常の染色体にはあまり見られないことから、「逆位のある染色体領域にはスーパージーンが存在している可能性がある」という見方もでき、スーパージーンを探索する1つの方法として注目されている。

3つ目は、スーパージーンを探索する対象は、種内に複数のタイプの形質（種内多型）が存在する場合に限られることである。例えば、前述したように、シロオビアゲハでは擬態するメスと擬態しないメス、エリマキシギだと縄張りを持つ強いオスやメスに似せて隙を狙ってメスと交尾しようとするオスなど、同じ種なのに全く異なる形質が存在する。もちろん、ほとんどの生物では個体ごとに顔が違う、体型が違うなど、なんらかの特徴が異なっているので、そもそも種内多型は必ずあるといっても過言ではない。ただ、スーパージーンが関係しているのは、種内多型といっても複数の遺伝子が関与するような適応的で複雑な形質である。

もし、そのような種内多型がスーパージーンによって制御されている場合、その領域の遺伝子は形質の違いによって大きく塩基配列が異なっている（後ほど詳しく説明する）。例えば、擬態するメス蝶と擬態しないメス蝶では、スーパージーンの領域の遺伝子配列が大きく異なっている。つまり、ゲノム配列の違いから逆にスーパージーンの領域が推定できるのだ。こうしてゲノム配列が解読できるようになったことにより、長い間謎に包まれていたスーパージーンがその姿を見せてくれるようになった。

一方で、スーパージーン（複数の固まった遺伝子群）がコントロールしているのは、必ず種内多型を示す形質に限られるのか、ということについてはまだよく分かっていない。擬態や性行動といった形質は、「同じ種の中に違うタイプのものがいるな」とすぐ分かるが、見た目では分からない種内多型があるかもしれない。その場合は、ゲノム配列からはスーパージーンと考えられても、どのような形質に関連しているかは分からないこともあるだろう。

また、かつては複数の種内多型があり、スーパージーンによってコントロールされていたが、進化の過程でほとんどのタイプがいなくなってしまい、１つのタイプだけが残った場合、現在は「多型」とみなされていないことになるが、残ったタイプの形質自体はスーパージーンによって制御されている、というケースも考えうる。例えば、ヒトの染色体上で固まった遺伝子群が何か特別な形質を制御しているが、各個体の形質が、とくに他と異なっているようには見えない、ということがあり得ないわけではない。

さらに多型といっても、日本人と欧米人で異なっている、もしくは極めて少数の人だけが異なっている、ということもあり得るかもしれない。このような場合は、比較するゲノムをどう選ぶかを判断するのが難しく、スーパージーンとの関係性を調べるのが困難なこともあるだろう。

スーパージーンの見つけ方

調べたい生物種のゲノム配列が分かったら、スーパージーンを見つけるためには具体的にどうすればよいのだろう。

基本的には、先に述べた3つの条件を満たすようなゲノム配列を明らかにすればよい。まずは、擬態のような複雑な適応形質が見られる生物で（第1の条件）、その生物種に見られる多型（例えば擬態するタイプと擬態しないタイプ）の全ゲノム配列をそれぞれ決定する（第3の条件）。これで2つの条件はクリアできるはずだ。

では第2の条件（逆位があるか）はどうするのか。これについてはもう少し説明が必要だ。同じ生物種のゲノム配列は通常はほとんど同じである。例えば、私と私の妻のゲノム配列はほとんど同じだ。一方、１０００塩基に1塩基程度の頻度で配列は違っており、そのようなわずかな違いが、病気のなりやすさや体質などの「個人差」に関係していると言われている。

　相同染色体も、元々は母親と父親からそれぞれ由来したものだが、ふつうはほとんどの配列は一致している。しかし、そうならないこともある。逆位がある場合だ。

　組換えは、相同染色体の間で配列を入れ替え、長い期間では相同染色体間の配列をさながらシャッフルするように、均一化させる働きがある。しかし、逆位のある場所では組換えが抑制されるため、均一化も妨げられる。さらに、逆位のある場所では、その場所に突然変異が生じても組換えによって均一化しないために、どんどん変異が蓄積していくことになる。つまり、時間が経てば経つほど、相同染色体間の配列が異なっていくことになるのだ。

　ここで読者は気づかれるかもしれないが、これはまさしくスーパージーンの領域である。長い進化の過程で、擬態するタイプのスーパージーン領域と擬態しないタイプの相同領域では配列が大きく異なっているのである。すでに述べたが、擬態するタイプの全ゲノム配列と擬態しないタイプの全ゲノム配列を比較すると、ほとんどの領域は同じ配列であるが、大きく異なる領域がスーパージーン領域と考えられる。また、その領域では配列がひっくり返っている（逆位）はずである。

スーパージーンによる現象が明瞭に見られない生物でも、このようなことが観察できる場所が１つある。それは性染色体だ。ヒトの場合は、Ｘ染色体とＹ染色体（男性になることを決定する染色体）の大部分は両者で配列が大きく異なっており、逆位も繰り返し起こってきたと推測されている。したがって、このような領域では組換えが起こらない。

ヒト以外でも多くの生物では、性という複雑な適応形質があり、オスとメスという種内多型が存在し、異なる構造の染色体（Ｘ染色体とＹ染色体のような）を持つ。性染色体は、まさにスーパージーンの１つともいえる（第６章で詳しく述べる）。

緑髭効果

私たちが最も興味を持つ複雑な適応形質とは「社会」かもしれない。

男と女、子供と大人、政治家とビジネスパーソン、日本人とアメリカ人など、見た目や行動などが異なる集団が、ある種のルールに従って共存している。さまざまな特徴を持つ個体が、それぞれの利益や利害を調整しながら活動している「社会」は、複雑怪奇な現象そのものであるといえるだろう。

ヒトに限らず、哺乳類や鳥類、さらには昆虫などの中には、人間社会ほど多様ではないが、同じ種の中に特別な役割や行動を持つ複数の集団があることは少なくない。このような動物の社会性は、人間ほど教育や社会環境から受ける影響はなく、また比較的少数の「種内多型」しかないので、遺伝学的な研究対象としては恰好の素材だ。このような動物の社会性を探究する研究者も数多くいる。もしかしたら、「社会性」という複雑なことを人間以外の動物（とくに昆虫など）が示せるはずがないという先入観があるからこそ、そんな社会性を見せる動物たちに惹かれるのかもしれない。

イギリスの進化学者であるウィリアム・ドナルド・ハミルトン（１９３６‐２０００）も、そんな動物の社会性に惹かれた１人だ。幼少期に昆虫に魅入られ、昆虫採集に励み、『種の起源』などに触発されて、自然選択や集団遺伝学の世界に入っていったそうである。

彼は「血縁選択説」や「赤の女王仮説」などを支持したことでよく知られている。もしかしたら、「赤の女王仮説」はどこかで聞いたことがある人もいるかもしれない。名前にある「赤の女王」は、ルイス・キャロル（１８３２‐１８９８）の『鏡の国のアリス』に登場する、鏡の国の住人（チェスの駒の１つ）が由来だ。作中で、いつも走り回っている赤の女王に、アリスがなぜそんなに走っているかと尋ねたところ、彼女は「その場にとどまるためには、全力で駆けなければならない（It takes all the running you can do, to keep in the same place）」と答えた。進化学者たちが、赤の女王仮説を説明する際に多用するフレーズである。

どんな仮説かというと、ハミルトンは、オスとメスの交配によって次世代を生む有性生殖は、細菌やウィルスなどの寄生者に対抗する手段として有利なのではないかと考えたのだ。

最近の新型コロナウィルスの例からも実感できるように、これらの寄生者は非常に速いサイクルで変異を繰り返し、ワクチン接種などでせっかく確立した私たちの免疫システムをくぐり抜けようとする。生き残るには、宿主も寄生者に対抗して常に防御システムを更新していく必要がある。その手段として、現代社会では別のワクチンを打つことが１つの手段となるが、自然界では人間も含めてそうはいかない。

そこで、注目するのが有性生殖だ。先にも述べたように、有性生殖の際には相同染色体の組換えが起こる。組換えが起こると、遺伝子の多様性（同じ染色体上の遺伝子の組み合わせ方が変わる）が増し、その結果、ある寄生者に対して強い防御システムを持つ個体が誕生すれば、その子孫は生き残っていくことになる。立ち止まっては死ぬ。生き続けるには常に変化しなければならない。その比喩として、赤の女王のフレーズが使われたのである。

さて、ここまでハミルトンの支持した説として赤の女王仮説を取り上げたが、スーパージーンの話で取り上げたいのは別の仮説だ。それは、社会性に関する「緑髭効果」というちょっと変わった名前の仮説である。どんな仮説か、紹介しよう。

まず社会性に関わる行動について考えてほしい。どんなものがあるだろうか。

その1つとして、人間だけでなく多くの動物でも行われる、親が子供を保護したり、配偶者や血縁者を守ったりといった「利他的行動」が挙げられるだろう。自己の損失の有無にかかわらず、他者の利益のためにする行動。では、なぜ生物はこうした行動をするのだろうか。

その仮説として、ハミルトンはまず、家族のような血縁性の高い集団では、同じ遺伝子を持つ個体が多いため、集団内のある個体が他者に有利となる行動をしても、最終的に遺伝子にとっては利益になるから、という「血縁選択説」を考えた。

ただ、家族集団以外にも同じ遺伝子を持つ個体はいるはずだ。そこで彼はもう一歩踏み込んで、外から見てそうと分かる個体がいれば、利他的行動の対象になりうるかもしれないと考えた。例えば、「同じ遺伝子を持つものは緑色の髭をしている」ということが分かっていれば、そのような個体に利他的行動をとっても、遺伝子にとっては有益になるだろう、と。

この仮説が、のちに『利己的な遺伝子（原題：The Selfish Gene）』の著者リチャード・ドーキンス（１９４１－）によって、緑髭効果と名づけられたのだ（日本語訳では「緑ひげ利他主義効果」と訳されている）。彼は本の中で、「色白の肌とか、緑ひげとか、その他の目立つ特徴とかいった、外からみえる『レッテル』と、その目立つレッテルの持主にとくに親切にする傾向とを同時に発現させる遺伝子が同時に生じることは、理論的には可能である」（和訳：日高敏隆ほか、２００６年）と記している。

ハミルトンは、緑髭効果を示すためのシグナル（レッテル）と行動（親切にする傾向）が強くリンクするためには、スーパージーンのような構造が必要だろうと考えていた。つまり、このような複雑な形質を生じさせるためには、複数の遺伝子が１つの染色体上に固まって存在し、染色体逆位によって強く結合しているはずだ、と考えたのだ。しかし、ハミルトンがこの仮説を提唱した１９６４年の時点で、そのような例は全く知られていなかった。

それに、利他的行動の理論がいきなりスーパージーンに結びつくのか？　と訝《いぶか》られる読者もいるかもしれない。これには少し背景がある。ハミルトンは１９５７年にケンブリッジ大学に入学したが、在学中に前述したフィッシャーの『自然選択の遺伝学的理論』を読み、強い影響を受けたようなのだ。本書を執筆するにあたって、生物学者ならば知らぬものがいないフィッシャー、ハミルトン、ドブジャンスキーなどがスーパージーンでつながっていることを初めて知り、筆者は正直驚いた。

緑髭効果の実例が初めて示されたのは、後ほど述べるヒアリの例で、ハミルトンが亡くなる直前の１９９８年のことである。

第４章のまとめ

この章では、しばらくの間停滞していたスーパージーンの研究が全ゲノム解読によって新たな展開を見せるようになった背景を説明した。また、ハミルトンやドーキンスといった著名な進化生物学者もスーパージーンに着目していたということを紹介した。

ゲノム配列が分かれば、なぜスーパージーンが見つかるのか？　それはスーパージーンの領域の配列が相同染色体の間で大幅に異なっているからである。同じ種の中で異なる形質（種内多型）が見られれば、それらのゲノム配列を比較する。その結果、ある領域の配列が非常に異なっていて、そこに逆位があれば、種内に異なるタイプを生み出すスーパージーンかもしれないと推測がつくようになった。全ゲノム解読が可能になったおかげで、使えるようになった手法である。

では、こうした方法で見つかったスーパージーンにはどんなものがあるのか。次章では、具体的にどのような興味深い現象がスーパージーンによって制御されているのか、その個々の事例を紹介していこう。

第5章

スーパージーンは
生き物の不思議の源

さて、スーパージーン研究は現在、世界的に大変な盛り上がりを見せているといっても大げさではない。世界中の遺伝学者や進化学者、生態学者がこぞってスーパージーンの研究に着手しているか、しようとしている。１００年近く前から遺伝学の中でも大きな謎と考えられ、著名な遺伝学者や進化学者が取り上げてきたのだから、ゲノム解読によってその謎が解き明かされる可能性があると分かって、研究者が放置しておくはずがない。そこで、本章では古くから研究され、ゲノム研究によってスーパージーンの実像が明らかになりつつある多様な例を紹介しよう。

残念ながら日本の研究者の間には、いまだにスーパージーンの概念や面白さが浸透していないように思う。日本には、スーパージーンが関わるような複雑な現象に取り組む研究者が少ないことが関係しているのかもしれない。しかし、そのような愚痴はさておいて、どのような現象にスーパージーンが関わっているのか、見ていくことにしよう。

ヒアリの緑髭効果遺伝子

２０２２年の秋も、横浜港でヒアリの集団が見つかったというニュースを見た。ヒアリが話題となっているのは、主に健康被害をもたらすからだが、進化生物学から見ても重要な生物である。ハミルトンが提唱した緑髭効果をもたらす遺伝子が実際に初めて見つかったのがヒアリだからだ。また、その緑髭遺伝子がスーパージーンだったという点でも興味深い昆虫である。

アリなどは、繁殖のために多数の個体で営巣してコロニーという集団を形成する。ヒアリのコロニーの中には、生殖のみを担当する女王アリと、営巣や保育、防衛、餌取りなどを担当する複数の職種からなるワーカーがいる。女王は数年生きるが、ワーカーは数か月しか生きない。さらに、ヒアリのコロニーには２種類のタイプがあり、女王が１匹の単女王制コロニーと、２匹以上の多女王制コロニーがある。このように、ヒアリには社会性について「種内多型」があり、スーパージーン研究にとっては貴重な昆虫なのだ。

アメリカとスイスのグループは、２００２年にヒアリの２種類のコロニーの切り替えが、ある遺伝子領域で制御されていることを見つけた。この領域にはフェロモンに結合するタンパク質Gp‐９という遺伝子が存在しており、これがハミルトンの「緑髭遺伝子」と考えられている。

フェロモンというのは揮発性の化学物質で、メスのカイコガが性フェロモンを分泌して、オスをおびき寄せるなど、昆虫のコミュニケーションに使われる。そして、こうした化学コミュニケーションで重要な役割を果たしていると考えられているのが、フェロモン結合タンパク質だ。

例えば、ヒアリの女王アリはフェロモンを分泌するが、働きアリはその化学物質の特徴を識別して、女王アリを受け入れたり、殺したりして女王の数を調節するようなのだ。ハミルトンがいうシグナルが「女王のフェロモン」、行動が「働きアリの受容もしくは拒否（殺すこと）」に当たると考えられる。

Gp-9遺伝子については塩基配列に多型があり、Bとbという2種類の対立遺伝子が存在する。Bを2個持つBBという遺伝子からなるコロニーの女王は、必ず単女王コロニーになるのに対し、b遺伝子を持つコロニー（Bbやbb）では多女王コロニーとなる（図表5-1）。Gp-9のBとbでは塩基配列に9個の違いがあり、この違いにより働きアリが女王の発するフェロモンの化学的特徴を認識するときに、差が生じている可能性があるようだ。もしそうだとすると、女王を寛容に受け入れるか、殺してしまうかは、この遺伝子の働きによって左右されているということだろう。

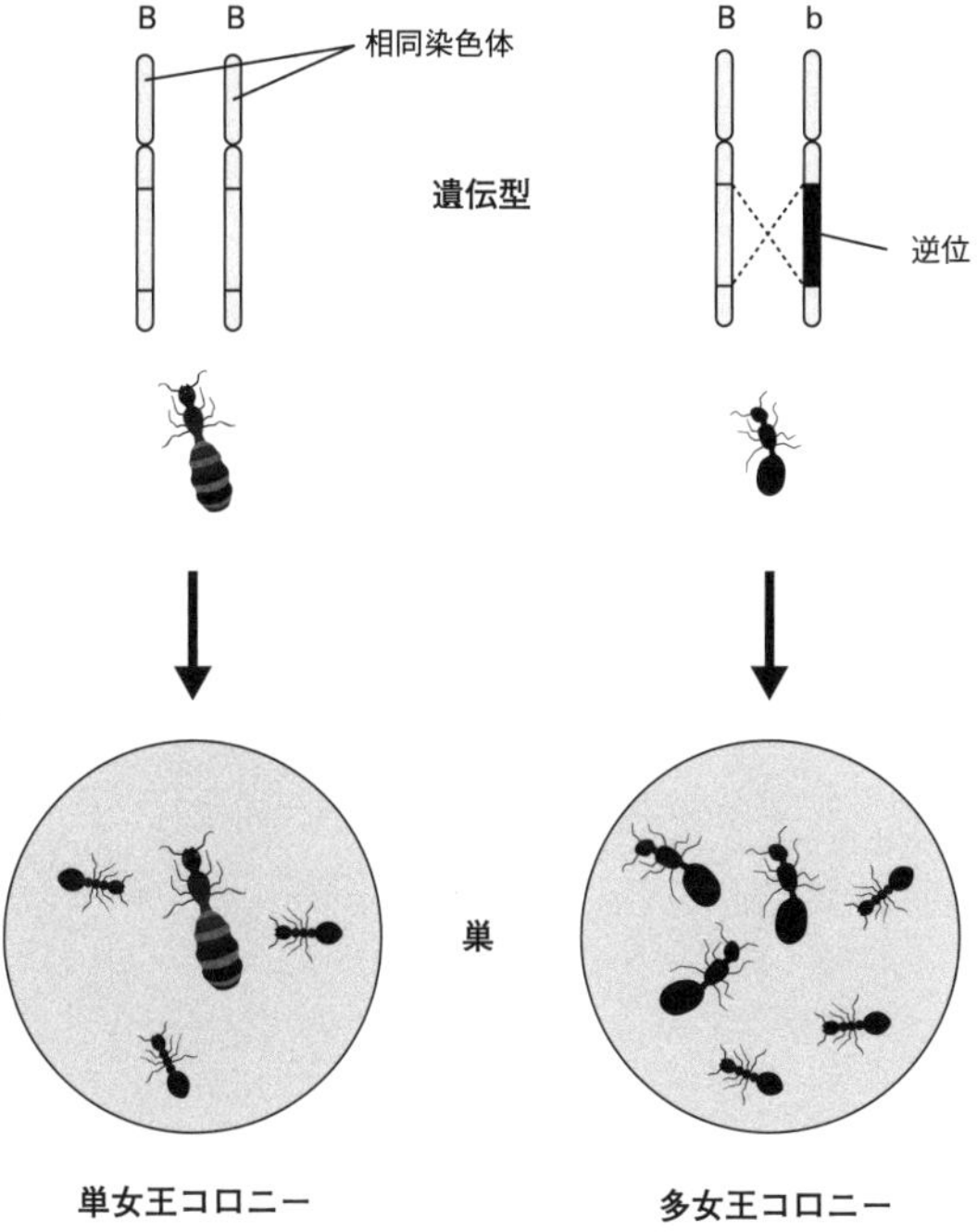

参考文献14をもとに作成

図表５-１　ヒアリの社会性とスーパージーン

もう少し詳しく見ていくと、Ｂとｂは、ヒアリの第13染色体の１３００万塩基対からなる巨大な領域にあり、Gp‐９以外に少なくとも６１５の遺伝子が含まれているようだ。この領域は相同組換えを起こさず、ゲノム解読が進んだ２０１３年には４万８０００塩基対の逆位領域が見つかっており、これらの性質からスーパージーンだと考えられている。

ただ、そもそも疑問なのは、ヒアリにはなぜ単独の女王コロニーと多数の女王コロニーがあるのかということだ。

その理由は次のようなことかもしれない。単独の女王は古い巣から新しい巣を作るために飛行して、生息範囲を広げることができる。一方、多数の女王がいるコロニーではその一帯を独占し、他系統のコロニーの女王を排除しながら、巣を大きく広げることができる。つまり、それぞれに、生息域を広げる、巣を巨大化するというメリットがあると考えられる。とすると、おそらくヒアリのスーパージーンには、巣の作り方という行動の違いを制御する情報も含まれているのだろう。

エリマキシギの奇妙なオスたち

エリマキシギというあまり聞きなれない鳥をご存じだろうか？　シギの一種である。普段はロシア北部やスカンジナビアなどに生息する鳥で、冬には南へ渡りをする。私は見たことはないが、日本も渡りの途中にあり、西日本では越冬する個体が見られるそうだ。

この鳥には、見た目と行動が極端に異なる3種類のオスがいる。何度も述べてきた種内多型だ。まずは、それぞれオスの見た目や交尾の様子を伝えよう（口絵2）。

喧嘩が得意で他のオスを見つけると攻撃する縄張り型（independent 型）は、全身が茶色っぽく、大きくてたくましい感じがする。一方、いかにもひ弱な感じで、首回りが白い羽毛で覆われているのがシロエリ型（satellite 型）だ。

縄張り型とシロエリ型は喧嘩をするが、ほとんど最初から結果は分かっていて、シロエリ型が必ず負ける。というより負けるシナリオになっていて、物《もの》見《み》遊《ゆ》山《さん》なのか複数のメスが近寄ってくる。このような状況下では無論、メスにアピールした縄張り型が交尾に成功するわけだが、縄張り型が交尾をしているうちに、シロエリ型はぼんやり傍観しているメスと交尾するのだ。シロエリ型は、喧嘩では敵わない縄張り型の隙を狙って、メスと交尾しようと虎《こ》視《し》眈々《たんたん》と狙っているわけである。

そして、ごくまれにいる3番目のオスが（全体の１％ほどらしい）、見た目はほとんどメスと同じニセメス型（faeder 型）である。ニセメス型は、オスとの喧嘩には巻き込まれず、メスにはほとんど警戒されずに近づくことができる。したがって、縄張り型とシロエリ型が喧嘩をしている間にまんまとメスに近づき、交尾を成功させるのだ。これらのオスの不思議な形や性行動も、社会性に関する多型だと考えられる。

スウェーデンのウプサラ大学などのグループは、エリマキシギのゲノム配列を調べることによって、オスの種内多型の原因となっている染色体領域やその構造を明らかにした。それは、第2染色体の１２５個の遺伝子を含むかなり大きな領域だ。

具体的にどの遺伝子が働いているのかはまだ分かっていない。ただ、興味深いのは各オスに対応した領域構造の違いである。口絵2を見てもらうとよく分かるが、縄張り型が通常の構造をしているのに対して、ニセメス型は片側がまるごとひっくり返った染色体逆位が起こっているのだ。多数の遺伝子が染色体逆位によって固定され、あたかも１つの遺伝子のようになっている。つまり、エリマキシギの現象もスーパージーンによって制御されていることが分かる。

逆位があると組換えが起こらないので、ニセメス型ではこの領域で何らかの突然変異によってＤＮＡの配列が変わっても、縄張り型の染色体とは交換されず、ずっと蓄積していくことになる。その結果、ニセメス型のスーパージーン領域に含まれる遺伝子の機能は徐々に変わっていく。おそらく、遺伝子の働き方が変わるにしたがって、より精緻《せいち》にメスのような姿形となり、縄張り型との喧嘩を避けるような性質が獲得されたと思われる。また、過去に組換えの抑制が起こったとき、つまり逆位が生じた時点が古ければ古いほど、縄張り型とニセメス型の塩基配列の差は大きくなるだろう。そこで、塩基配列の差をもとに推定したところ、縄張り型（多分これが元々あった形質）からニセメス型となる染色体に逆位が生じたのは、４００万年ほど前だったと算定された。

さらに、このような塩基配列の違いをもとにした年代の推定法から、58万年ほど前に、ニセメス型の染色体上で縄張り型との間で部分的に組換えが生じたとも推測された（おそらく、そのような組換えはまれに起こるのだろう）。この新たなタイプがシロエリ型の染色体である。

シロエリ型においても、組換え当初は現在のシロエリ型の形や行動とは異なっていたかもしれない。しかし、58万年もの間で多くの突然変異が蓄積し、遺伝子の働きが変化して、新たな形と行動へと適応的に変わっていったのだろう。いつからかは分からないが、長い間3種のオスはそれぞれにメリットがあることで、集団の中でバランスをとって共存してきた。しかし、古くからいたニセメス型は今や1％ほどしか存在せず、研究者たちはいずれいなくなってしまうと予想している。

私たちは今、エリマキシギの進化過程の一場面を見ているのに過ぎない。エリマキシギの例は、スーパージーンが見せている複雑な適応的形質も永遠のものではないことを如実《にょじつ》に示している。環境が変わってしまうと、これまで得た安定的な関係もあっという間に失われてしまう。その場にとどまるために全力で駆けても、とどまることは難しいのかもしれない。

エリマキシギの例が示唆するように種内多型がなくなってしまうということは、当初は複数の多型がスーパージーンによって制御されていた現象も、多型がなくなってしまったような例もあるだろう。とすると、どの個体にも見られるごくふつうの現象も、あたかも1遺伝子のように挙動するスーパージーンによって制御されているケースがあるかもしれない。しかし、このように多型がないスーパージーンは、多型間でゲノムを比較することができないので、現在の手法では検出することが難しい。

植物の自家不和合性

アゲハチョウの擬態とともに、古くからスーパージーンで制御されていると考えられてきたのが、植物の現象である。多くの植物では、自分の花粉には受精せず、他者の花粉でのみ受精して種子をつくる性質があり、これを「自家不和合性」と呼んでいる。なるべく多様な遺伝子の組み合わせを持つほうが環境に適応しやすく、そのためには近親交配をさけて他者の花粉と受粉するほうが、有利になると考えられるのだ。

かつて、スペインのハプスブルク家では、叔父と姪などの間での近親婚を繰り返した結果、さまざまな先天性疾患が現れ、一族は滅んでいくことになった。機能に問題のある対立遺伝子が2個揃う（ホモ接合）と、体の維持に必要な働きができず、病気になってしまう。近親婚ではこのようなリスクが高くなってしまうのである。

被子植物の花にはめしべ（柱頭という先端に花粉がつく）とおしべ（葯《やく》で花粉が作られる）の両方を備えたものが多い。自家不和合性は多くの被子植物に見られるが、サクラソウの受粉のしくみについては、ダーウィンも興味を持っていたようだ。身近な植物をよく観察してい

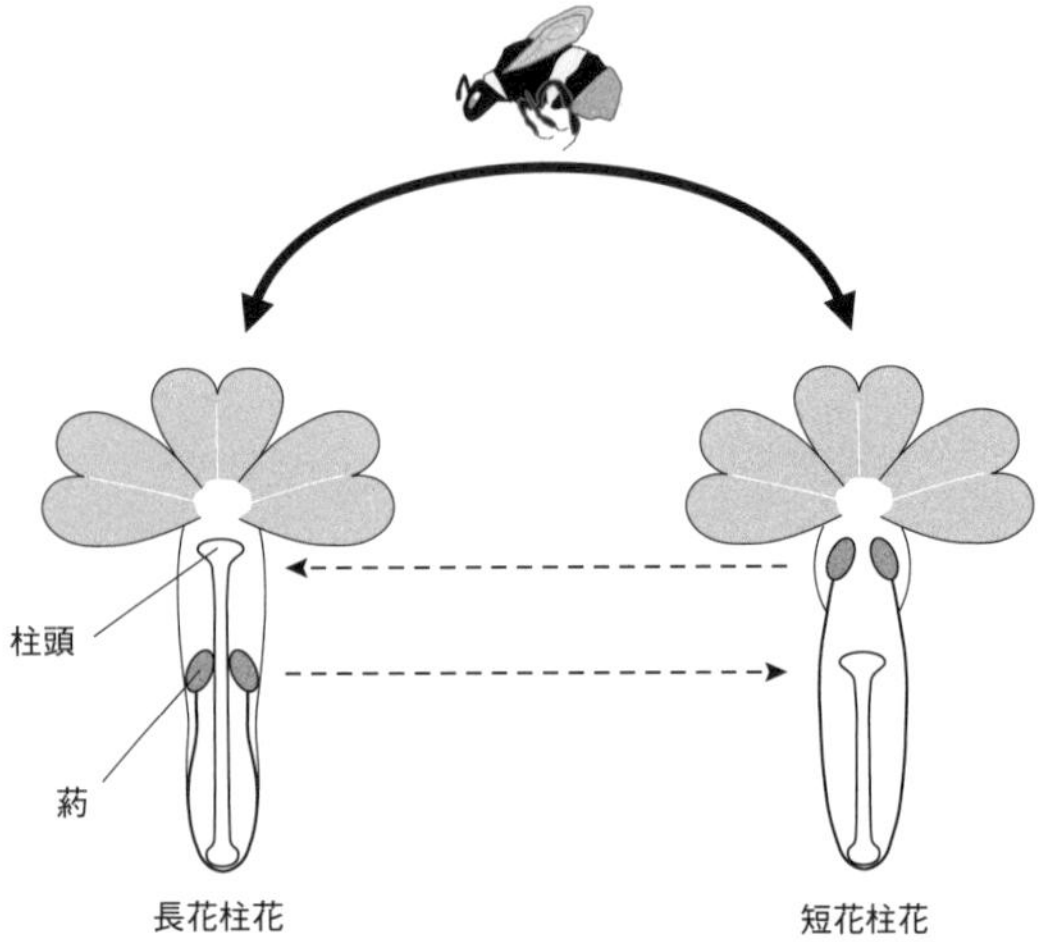

図表5-2　長花柱花と短花柱花の違い

たダーウィンは、サクラソウにめしべとおしべの長さ（具体的には柱頭や葯の長さ）の違う2種類の花があることを見つけた。

長花柱花ではめしべは高くておしべの葯は低く、短花柱花ではめしべが低く、葯は高い位置にある。サクラソウは虫媒花で、ハチのような昆虫が花の蜜を吸いに来たときに、伸ばした舌などに花粉をつけ、それがめしべに触れると受粉する。同じ花では、めしべとおしべの高さが違うので、ハチの動きによっても自家受粉は起こりにくいようだ（図表5-2）。

一方、短花柱花で花粉をつけたハチが、次に長花柱花を訪れて蜜を吸うと、先ほど舌についた花粉が高い位置にあるめしべにあたる。つまり、他家受粉が起こりやすいのだ。ダーウィンは、サクラソウにめしべの高さなどが異なる花が2種類あるのは、ハチなどの行動による花粉の流れを利用するためではないかと類推した。

　とはいっても、ハチによって自分の花粉が自分のめしべに触れることもあるに違いない。ただ、このような場合であっても、花粉が発芽しない、もしくはめしべの中で花粉管（めしべの先端に花粉が付着すると、そこから内部に向かって伸びていく管）が伸びていかない、といった分子的なバリアが用意されているようだ。

　実際、自身の花粉と他者の花粉をまぜて受粉させても、自身の花粉だけに自家不和合性の反応が起こって、受粉しないようなしくみが存在する。サクラソウでは、長花柱花の花粉が短花柱花のめしべにつくか、短花柱花の花粉が長花柱花のめしべにつくときにだけ受粉が起こるようになっている。動物などの免疫システムが、自己と他者を見分けて他者を排除するのに対して、植物の自家不和合性では、自己を排除する点が面白い。

　サクラソウのめしべ（おしべ）の長さの違いと、受粉するかしないかという自家不和合性は強く結びつき、「種内多型」を持つ複雑な適応形質であることから、複数の遺伝子が関与していると考えられる。つまり、サクラソウのこのような形質もスーパージーンによって制御されていると古くから考えられてきた。

めしべの長さの違いは、遺伝学的な研究からSという遺伝子座で制御されており、長花柱はS、短花柱はsという2種類の構造が対応していることが分かっていた。最近の塩基配列の解読などから、遺伝子座Sは46万塩基の長さがあり、複数の遺伝子が含まれていることや組換えが抑制されていることが分かり、予想通りスーパージーンであることが確かめられている。しかし、各遺伝子の働きなどについて詳細はあまり分かっていない。

毒蝶のミューラー型擬態

葉っぱに似せたコノハムシ、枝に似せたナナフシなど、昆虫の精緻な擬態などに見られる模様や形は私たちの興味をそそるものが多い。全く異なる体の体制を持つ植物と動物が似るというのは、私たちにとっては予想外の驚きである。「適応的な進化によってこのような現象が起こること自体が信じられない」という思いをいだかせるので面白いのだろう。

擬態の中でも、ベイツ型擬態とミューラー型擬態はスーパージーン研究の中心的なテーマとして詳しく調べられてきた。ここではミューラー型擬態の例を紹介しよう。

私たちにはあまり馴染みがないが、毒草などを幼虫時代に食べて、その中の毒を体内に蓄積する蝶は少なくない。例えば、北米などで渡りをする蝶として有名なオオカバマダラの幼虫は、キョウチクトウ科の植物トウワタの葉を食べて、体の中にアルカロイド類の毒を蓄積する。アメリカのブラウワー博士はオオカバマダラを鳥に食べさせる実験を行ったが、鳥がマズくて吐き出す様子が動物学の教科書などには載っている。

このような毒のある小動物の多くは、黒や茶色といった暗い色に、赤や黄色などの派手な明るい色を組み合わせた、警告色の模様をしていることが多い。捕食者に二度と食べられないようにするために、マズさに不気味な色と模様を結びつけて記憶させていると考えられる。捕食者の中には、カマキリのようにあまり特定の色を認識できないものもいるため、明るい色と暗い色のコントラストが重要だともいわれている。

とはいっても、このようなやり方だと、捕食経験の少ない若い鳥などは、とりあえず毒があることも知らずに蝶を食べてしまうことになる。おかげで、他の同種個体はその鳥からは狙われにくくなるので、緑髭的な利他行動ともいえるだろう。ただ、食べられないことに越したことはない。

では、どうすれば犠牲者を減らせるか？　同じ警告色を持つ個体数が増えれば、捕食率は減るだろう。ということで「系統的に離れた毒のある生物種が同じような警告色になる」というミューラー型擬態が生み出された。

その一例が、タテハチョウ科の蝶で、ずばり「ドクチョウ属（*Heliconius*）」と名づけられた1グループだ。主に南米などに生息し、30種以上の種（亜種）が存在する。スーパージーンの研究が最も進んでいる生物の1つだ。この蝶もやはりダーウィンの時代から注目されてきた。

ドクチョウの幼虫はトケイソウ（パッションフルーツもその一種）を食べるが、シアン化合物やアルカロイド類などの毒をたくさん含んでいる。面白いのは、近縁な種であるにもかかわらず、極めて多様な模様が見られることだ。ただ、いずれの蝶も警告色のルール通り、黒や茶色の暗色に赤、青や黄色の明色が配置されている翅を持っている。

ヘリコニウスのミューラー型擬態については、他の生き物に比べても早くからゲノム解読などの研究が進められてきた。ヘリコニウスはアゲハチョウなどに比べても飼育しやすいようで、遺伝子の機能や遺伝学の解析にも適している。飼育が大変な生物種では次世代を得るのも大変で、このような解析が難しいのである。

当初からよく使われてきたのが、ヘリコニウス・ヌマータという種だ。この種には7種類以上の種内多型があり、そのうち3種類は別の種であるメルポメーネに翅の紋様と色合いが酷似している。つまり、ヌマータの3種類の多型とメルポメーネは互いにミューラー型擬態の輪の中にいる（口絵3）。

研究者たちは、最初にヌマータのさまざまな形質やＤＮＡの多型がどのような染色体にあるかを連鎖解析によって調べ、「連鎖地図」を作成した。連鎖解析というのは少し前に述べたように、「花の色と豆の形」といった異なる形質（それを制御する遺伝子）が同じ染色体に載っているかを調べる解析で、連鎖地図は、それらの形質（遺伝子）がどれくらいの距離（組換えの割合）にあるかを示したものである。つまり、連鎖地図からは、異なる形質を制御する遺伝子が、同じ染色体でどのくらい離れているかが分かり、もしスーパージーンならばそれらは隣接して存在しているはずなのだ。

実験の結果、ヌマータの複数の紋様形質は、第15染色体の大きな領域に存在することが示された。これらの領域には大量の遺伝子が存在し、また逆位が起こっていて、組換えが抑制されている。不思議なことに、紋様の違いによって染色体逆位の起こり方が違っており、複雑に入り組んだ構造になっており、このような構造の違いによって紋様や色の入り方が違っているようだ（口絵3）。

魚と鳥の模様と性

生物に見られる複雑で適応的な形質はおそらく数えきれないほどある。その中で私たちが明瞭に分かるものはほんの一握りに過ぎないのだろう。例えば、ゾウリムシのような微生物が、細菌を捕らえるのに何か複雑で適応的な行動をしているとしても、顕微鏡で長時間観察しなければ分からず、見つけるのは難しいだろう。また、あまり見ることのない昆虫や植物ではそもそも観察することすら難しいかもしれない。

その意味では、比較的身近にいる動物体表の紋様や形は、人間にとっては極めて観察しやすい形質の一つである。また、動物の色や紋様は「捕食者から逃れる」「被食者をだまして捕らえる」「生殖相手にアピールする」などといった役割も想定されることから、適応的な現象を挙げるのに事欠かない。

ペットショップなどで売られているカラフルな観賞魚シクリッドを飼育している読者はい

るだろうか。アメリカ大陸からアフリカ大陸に至る、広い地域に生息するスズキ目の淡水魚や汽水魚で、１３００種類以上の種がいるという。筆者も知らなかったが、ティラピアやエンゼルフィッシュもシクリッドの１種なのだそうだ。一部の種では、メスやオスが口の中で子育てをする面白い習性も見られる。

その中でも進化遺伝学者たちがとくに興味を持っているのは、アフリカ東部に生息するシクリッドである。アフリカ東部の南北に連なる地域には、５００万年ほど前から地殻活動の盛んな「大地溝帯」が存在し、タンガニーカ湖、ビクトリア湖、マラウイ湖など複数の巨大な湖が点在するようになった。

シクリッドの祖先は、元々はコンゴ川などにわずかな種しか生息していなかったのだが、新たにできた湖で爆発的に進化したという。その結果、２００万年ほど前（進化的スケールとしては比較的最近といえる）からマラウイ湖では８００種以上、より最近のビクトリア湖では７００種以上のシクリッドがそれぞれの環境に適応して、新たな種に分化（適応放散ともいう）した。互いの湖は近接しているが、各湖で独自の種が比較的最近に分化したので興味を持たれている。

マラウイ湖にはメスの体色がオレンジ色で斑点が見られるＯＢというシクリッドの系統が

いる（口絵4）。この色と模様は、湖の中では背景に溶け込んで、保護色として機能しているらしい。一方、オスではＯＢの遺伝子を持つと青色の斑点紋様となり、通常のオスとは異なってこの色と模様ではメスにアピールしにくいため、交配相手を見つけることが困難となる。つまり、メスではメリットのある紋様がオスではデメリットになるのだ。そのせいか、ＯＢのオスは自然集団ではほとんど見られない。

なぜこのようなことが起こるのか。模様の原因遺伝子座を調べてみたところ、近傍にメスにするための遺伝子が存在していることが分かった。詳細はまだ不明だが、ＯＢではオスをメスに転換して、利益が維持されるようになっているのかもしれない。この例では、ＯＢとメス決定遺伝子が結合し、スーパージーンとして働いている可能性がある。

模様のパターンと性が密接に関わっている例は他にもある。

ノドジロシトドという鳥（口絵5）には、頭に白いストライプのあるタイプ（White-Stripe：ＷＳ）と褐色のストライプがあるタイプ（Tan-Stripe：ＴＳ）の2種類が存在する。この模様の原因となる遺伝子座は第2染色体にあるが、同時に行動にも結びついていて、両者では模様だけでなくさまざまな行動でも際立った違いが見られる。

例えば、ＷＳは歌はうまいが攻撃的で子育てがヘタなのに対し、ＴＳは歌はヘタだが子育て上手である。スーパージーンの鉄則どおり、ＷＳとＴＳでは原因となっている染色体領域がひっくり返っており（少し複雑な形だが）、たくさんの遺伝子が一緒に次世代へ伝わっていると考えられる（同口絵）。つまり、ＷＳとＴＳの種内多型の遺伝子座は、逆位のために組換えを起こさず、それぞれで突然変異が蓄積して、このような複雑な形質が生み出されるようになったのだろう。

ちなみに、ノドジロシトドには驚くべきことに４つの性がある。オスとメスという性以外に、ＷＳとＴＳという性があるのだ。ＷＳのメスはＴＳのオスとしかつがいにならず、ＴＳのメスはＷＳのオスとしかつがいにならない。

性は何のためにあるのだろうか。なぜ多くの生物では性は２つなのだろう。性が遺伝子の組み合わせの多様性を増すためにあるとするならば、ノドジロシトドの方法では組み合わせが通常の性より減ることになる。はたして、ノドジロシトドの４つの性はこのまま続いていくのだろうか。

第5章のまとめ

本章では、動物、昆虫、植物などの興味深い現象がスーパージーンによって制御されている例を紹介した。ダーウィンの時代から興味が持たれたもの、ハミルトンの緑髭遺伝子仮説を初めて実証したものなど、それぞれが実に不思議で「ふつうじゃない」と思える現象だったのではないだろうか。

いずれのケースも、種内多型が存在し、原因となる遺伝子は染色体の1カ所に集まり、そこには逆位が存在することが示されている。最近になって多くのスーパージーンが急速に解明されているのは、ゲノム解読という技術の進展のおかげである。

しかし、これらはおそらく氷山の一角だろう。現在は、紹介した例の何倍もの現象を世界中の研究者が追いかけ、ゲノム解析などをもとにその根幹にスーパージーンが関与しているかを検証している。一体どれほどの現象にスーパージーンが関わっているのか、今は誰も知らない。

また、さまざまな例を見ていく中で、次のような疑問を持った読者もいるのではないだろうか。ヒトの形質にもスーパージーンが関わっている例はないのか、と。はたして、ヒトの現象にもスーパージーンは関わっているのだろうか？　次章ではその可能性を探っていきたい。

第6章

スーパージーンは
ヒトにもあるか

さて、さまざまな昆虫、植物、魚、鳥などに、複雑な現象に結びついたスーパージーンがあることはお分かりいただけたかと思うが、最大の興味は「私たちヒトにもスーパージーンがあるか?」ということだ。ヒトでは残念ながら、他の動植物のように何らかの適応現象に結びついたスーパージーンというものが、これまで想定されてこなかった。

考えてみれば、これまで紹介してきた動植物の種内多型はすべて、見ただけで分かる大きな変化だ。エリマキシギにしろ、シクリッドにしろ、異なる模様や行動がかなり明瞭に観察できる。一方、ヒトでも人種が異なれば、髪の毛や肌の色は異なる。しかし、これらはそれほど複雑な形質には見えない。少数の遺伝子の変異で引き起こされるものにすぎず、スーパージーンで制御する必要はないのかもしれない。

また、前述した動植物のスーパージーンは極めて長い時間を経て、環境に適応して得られたものである。これらは、数百万年、数千万年もの歳月をかけ、進化の過程で精巧な形質に洗練されてきた。一方で、現在の人類が誕生して広がったのは20万年くらい前といわれている。はたして、その程度の進化の時間でスーパージーンが生み出されるのだろうか?

一方で、ヒトは今や個人レベルでも全ゲノム解読が行われつつある「特殊な生物」だ。世界中に広がり、さまざまな環境の中で生き、さまざまな習慣、社会、文化を持つ生物。これほど多様な多型を持つ生物種は他にはいない。あらゆる人種、集団、個人間でゲノム配列を比較すれば、何かスーパージーンの手がかりが得られるかもしれない。

本章では、そんなヒトでのスーパージーン探索を紹介しよう。

ヒトにおけるスーパージーン候補

古くはダーウィンが唱え、現在では多くの研究者が支持する、人類の「アフリカ単一起源説」というものがある。ミトコンドリアが母親からしか子に伝わらないことや、Y染色体が父親から息子にしか伝わらないことを想定して描かれた分子系統樹から、現生人類の共通祖先はアフリカに求められるというものだ。約20万年前に人類の祖先の一部は、アフリカを出て世界中に広がったと考える説である。

この説が正しいとすると、現在の人類が新たな環境に適応したのはせいぜい20万年程度ということになる。進化の時間としてはかなり短く、ヒトでは十分に洗練された複雑な適応形質というのがまだ成立していない可能性もあるだろう。

一方、過去にはあったかもしれないが、現在では見当たらない可能性もある。エリマキシギで見たように、スーパージーンで制御される形質は永久に安定であるというわけではなく、環境の変化に対応して刻一刻と変化し、消失（選択）と誕生を繰り返していることもある。ヒトの寿命は１００年程度で、その時間の窓からしか事実を観察していない。ダーウィンといった過去の記憶を足しても、わずか２００年程度だ。ヒトでも過去には何らかのスーパージーンがあったが、人種や民族の絶滅とともになくなってしまった可能性は否定できない。しかし、この10年ほどのゲノム解読から明らかになったスーパージーン像は、ヒトのスーパージーンに関して新たな研究の潮流を生み出している。

これまで見つかったほとんどのスーパージーンには、種内多型に対応する遺伝子座で何らかの染色体逆位が見られる。このことは、何の現象に対応しているかはとりあえず分からなくても、逆位が存在するゲノム領域を探索してみれば、その中にはスーパージーンとなっているものがあるかもしれない、というアイデアを生み出した。

今では、アジア、ヨーロッパ、アフリカなど数多くの人種や民族の多数のヒトゲノム配列が公開されている。その配列を比較すれば、どの染色体領域に逆位領域があるかは簡単に探せる。そのような「候補領域」の中に、適応的な現象と結びついたスーパージーンがあるかもしれないと研究者たちは考えている。機能などは後で分かればよいという「後づけの発想」である。

ヒトの染色体で逆位のある構造は、詳細なゲノム配列が分かる前から、ある程度調べられていた。その中でもスーパージーンと目されているのが、第17染色体の17q21.31という１５０万塩基対ほどの領域である。この領域には、逆位の有無からＨ１とＨ２という２つのタイプが見つかった。霊長類のゲノムとの比較から、元々はＨ２が祖先型で、現生人類の中では徐々にＨ１型が広がったと考えられている。

この逆位が起こったのは２００万〜３００万年前（つまり現生人類の誕生前?）という説と、最近では10万年前という説がある。Ｈ２タイプはアジア人には見当たらず、アフリカ人ではわずか６％ほどであるのに対し、ヨーロッパ人では20〜37％という高い頻度で見つかっている。

興味深いのは、この領域が子供の数に関連しているかもしれないという２００５年の報告だ。イギリスの北方にある小さな島国、アイスランドのデータからは、Ｈ２を持つ母親は子沢山な傾向が見られた。これはＨ２女性の初産年齢や初経年齢が低い傾向とも関係している可能性が高い。

その後、Ｈ２タイプはヨーロッパの人々のさまざまな「現象」と結びついている可能性が報告されるようになった。例えば、Ｈ２を持つ人はパーキンソン病や大脳皮質基底核変性症といった神経変性を伴った脳の病気になりにくい傾向がある。また、赤血球やヘモグロビン量、特定の白血球の数が多い。一方、慢性閉塞性肺疾患（ＣＯＰＤ）にはかかりやすく、子宮がんにもなりやすいが、乳がんのリスクは低い傾向にある。またＨ２を持つ人は、頭蓋内の容積などが少なく、神経過敏や抑うつ的になりやすい一方、肉体的活動性は高く、アルコール消費などのリスク行動はあまりとらない傾向が見られた。さらにＨ２タイプの人は、ヨーロッパ人に多く見られるように、眼の色が薄い。

もう一つの候補

別のスーパージーン候補は、第８染色体の8p23.1という４２０万塩基対ほどの領域である。Ｏ１と逆位のあるＯ２という２つのタイプが見つかっている。Ｏ２タイプの頻度は、アフリカ起源説においてヒト誕生の地とされるエチオピアからの距離と相関していて、アフリカ人では60～80％、ヨーロッパ人では50～60％、アジア人では10～20％ほどだという。

　そして、8p23.1領域でもさまざまな形質との結びつきが報告されている。例えば、Ｏ１を持つ人は、難病に指定されている全身性エリテマトーデス（ＳＬＥ）にかかりやすいといわれている。ＳＬＥは、免疫システムが自身の正常な組織や細胞を攻撃してしまう自己免疫疾患の１つで、日本でも６万～10万人程度の患者がいると考えられているが、原因はまだよく分かっていない。一方、Ｏ２を持つ人は、神経過敏で危険な行動をとりやすいが、高血圧、肥満、糖尿病といったメタボリックな病気にはかかりにくいようだ。

　ヒトでは、これ以外にも逆位を持ついくつかのスーパージーン候補があるようだが、前述の２例で見たように、明瞭な形質と結びつく例は見つかっていない。また、ヒトでは、多くの場合、特定の病気へのなりやすさ（なりにくさ）に着目されていることが多い。これは他の動植物には見られない（そのような観点からは調べるのが難しいこともあるが）特徴かもしれない。

　それは、私たちにとって、病気になるかならないかが大きな関心事だからでもあると思うが、確かにウィルスや細菌との闘いは、複雑な適応形質であることに違いない。先の２つの例では、２つのタイプのいずれもが一長一短という感じで、どちらかが圧倒的に有利というわけでもない。ただ、このことは2つの種内多型が淘汰されずに将来に残っていく可能性も示唆している。

性染色体もスーパージーン

ノドジロシトドの例で見たように、性の決定はそう単純ではない。性染色体は多くの生物で使われている性決定のやり方だが、性染色体がないものも少なくない。ヒトでは、XYで男性、XXで女性となる。性を決定しているのはY染色体で、その中にあるSRYという遺伝子が胎児の時期に働くと男性になり、この遺伝子が働かないと女性になる(図表6-1)。つまり、基本は女性ということだ。

性染色体は、元々は性染色体ではない、常染色体上に性決定遺伝子が誕生し、その一対の相同染色体が性染色体になったと考えられている。先述したシクリッドのOBオスに現れたメス決定遺伝子は、そのようなものの1つかもしれない。しかし、性決定遺伝子を獲得した当初の染色体が、もう一方の相同染色体と組換えを起こすとどうなるだろう。

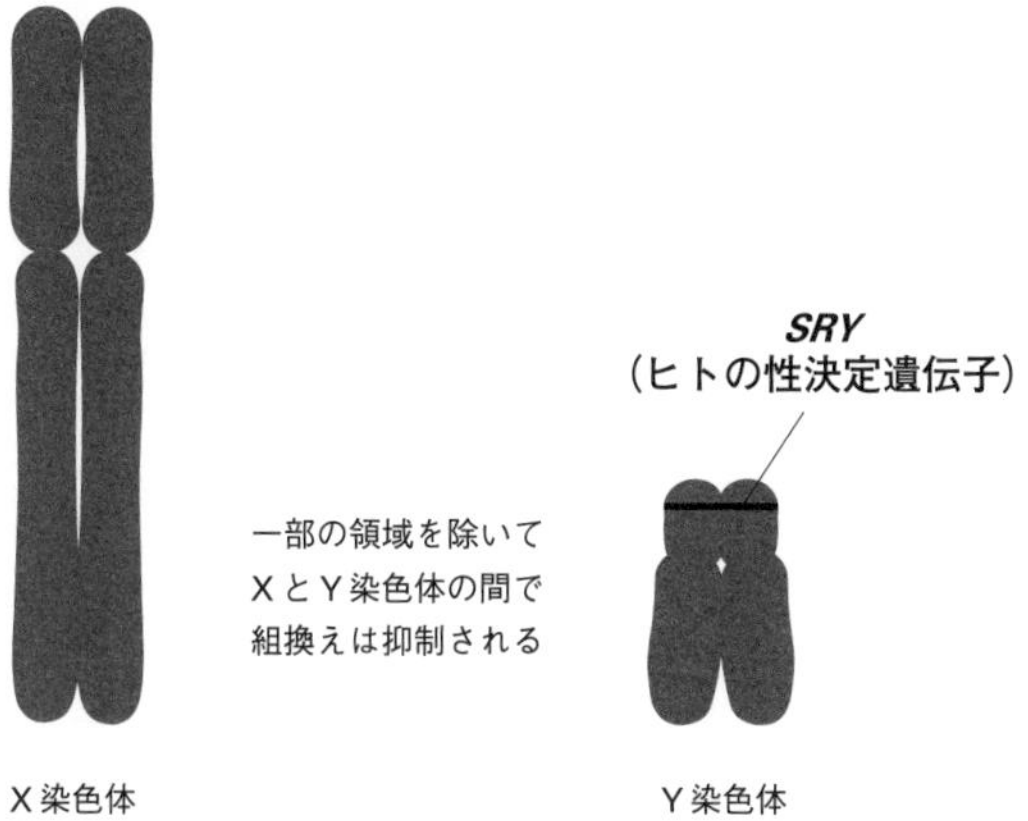

図表6-1　ヒトの性染色体と性決定遺伝子

例えば、オス決定遺伝子が第5染色体に誕生したとして、他の染色体と同じように減数分裂の際、ほとんど構造が同じ相同染色体と組換えを起こしたとする。そうすると、場所によっては、オス決定遺伝子がもう片方の染色体に移ってしまい、オスになるか、オスでない性（メス）になるかは片側の染色体では決まらなくなる。性決定そのものが不安定になってしまうのだ。それを解決する方策としては、逆位などにより組換えを起こさなくして、明確に性決定の役割を片側の染色体に固定してしまうことである。

ここで、ここまでの記述から気づかれた読者がいるのではないだろうか。そう、これはまさしくスーパージーンではないか。ヒトの

Ｘ染色体とＹ染色体は構造が大きく異なっており、Ｙ染色体はＸ染色体の３分の１ほどしかなく、ほとんどの部分は組換えを起こさない。また、Ｘ染色体には１０００個ほどの遺伝子があるのに対し、Ｙ染色体はＳＲＹを含めて数十個の遺伝子しかない。

実際に、これがスーパージーンなのかを検証してみよう。

Ｑ１　種内多型があるか？　↓　ＹＥＳ

Ｑ２　複雑な適応形質に対応しているのか？　↓　ＹＥＳ

Ｑ３　染色体逆位などで組換えは抑制されているか？　↓　ＹＥＳ

Ｑ４　複数の遺伝子が、１つの遺伝子のように挙動しているか？　↓　ＹＥＳ

結果はすべてＹＥＳ。とすると、Ｙ染色体はオス決定に特化したスーパージーンと考えられる。これまで挙げた例では染色体の一部がスーパージーンとして働いていたが、Ｙ染色体は染色体全体がスーパージーンとして機能する「究極のスーパージーン」なのかもしれない。

ヒトのＹ染色体も、かつてはＸ染色体のように多数の遺伝子を持っていたに違いない。しかし、組換えを起こさずに大量の変異が蓄積する一方、大半の遺伝子はなくなって、Ｙ染色体にはオスになるための遺伝子が少数存在するだけになった。先述したスーパージーンに比べるとX染色体とY染色体の違いはあまりにも大きい。この違いは、おそらくヒトという種になるはるか以前の哺乳類進化の初期過程で生じたと考えられている。

ちなみに、Y染色体には大量のジャンクDNAと呼ばれる反復配列など、遺伝子でない領域が大量に含まれている。これらの配列は直接にはオスになるための働きはほとんど持っていない。むしろ大半は有害な変異だろう。組換えが起こらないために、これらの有害な変異を取り除くこともできず、哺乳類のY染色体は退化している、とも考えられている。せっかくオス決定のためのスーパージーンとして地位を確立したのに、Y染色体はいずれ滅びるのだろうか。赤の女王ならば何というだろう。

「あなたたちは今進化の途中にたたずんで、ある瞬間の進化の風景を切り取ってみているだけなのです」

第６章のまとめ

本章では、染色体上に見つかる逆位領域から、ヒトにおけるスーパージーンの候補が見つけられつつあることを紹介した。しかし、その領域が何か明瞭な現象に結びついているかはまだよく分からない。

ヒトのスーパージーンの探索は、他の動植物では先に複雑な現象があり、それに対応するスーパージーンが存在するかを探すのとは、逆のアプローチになる。もっと多くのヒトの集団や人種を比較すると、何か重要な発見があるかもしれない。ヒトにおける明瞭なスーパージーンの例は性染色体（より正確にいえばオスを決定するＹ染色体）と考えられる。性染色体は多くの動物に見られ、その様式はさまざまであることから、他のスーパージーン研究にとっても有用な情報を提供してくれる。

さて、ここまでヒトを含めてさまざまな研究例を紹介してきた。不思議な現象にスーパージーンが関わっていることが分かってもらえたと思う。

一方で、実際に不思議な現象とスーパージーンの関係がどうやって明らかになるか、その具体的な流れはあまり紹介できていない。そこで、次章では筆者たちの研究を紹介することで、スーパージーン研究の一端を知ってもらうことにしよう。

第7章

アゲハの擬態とスーパージーン

筆者は35年ほど前に、理学系大学院で分子生物学の分野で学位をとった。その頃はカイコの染色体や遺伝子の構造を調べていたが、もう少し生物学に近い研究をしたいと考えていた。専門家にだけ分かる狭い生命現象ではなく、一般の人も不思議だと感じる自然現象の背景にあるしくみを知りたいと思ったからだ。

「これから何を研究しようか」と思案していたときに出会ったのが、アメリカで出版された『rainforest』という写真集である。そこには、鳥の糞に精巧に擬態した南米のアゲハの幼虫が載っていて、その質感や色合いの見事さに感動した。

しかし、よく考えると鳥の糞に似せるという戦略を不思議にも思った。「捕食者の鳥は、自身の糞を食べたいとは思わないのだ。鳥や他の捕食者にもそのような衛生観念が備わっているのか?」「鳥の糞は生物ではない。しかも岩や石のように身の回りにころがっているわけではない。このような無生物も似せる対象になりうるのか?」といった疑問が湧いてきたのだ。

カメレオンやタコといった生物は、周囲の環境を目で見て、それに合わせて脳・神経系を介して即座に変身できる。しかし、アゲハの幼虫のような場合は、脱皮の際に遺伝子の働きにより紋様ができる。つまり、鳥の糞の模様になるという指令はゲノムに書き込まれている。

長い進化の過程で選択によって生じたとはいえ、「鳥の糞」が幼虫の身を守るのにそれほど効果的なのは驚きだった。こうして、鳥の糞に似せるという遺伝情報の実体は何かを知りたいと考えるようになった。

ただ、40年ほど前の分子生物学は、今から考えるとまだ黎明期《れいめいき》と呼ぶべき状況だった。ＤＮＡの塩基配列だって、数万円する^{32}Pのような放射性同位元素を使って数日間実験を行い、せいぜい１０００塩基対ほどの配列を決めるのがやっと。１０００ドルほど出せば、30億塩基対のヒトゲノムを１〜２週間で解読できる現在とは、比べるまでもない。

また、現在ならば、新型コロナウィルスの陽性判定でお馴染みのＰＣＲ法を用いれば、特定の遺伝子を１〜２時間程度で増やすことができるが、当時は特定の遺伝子を増やすのに、大腸菌を使ったクローニングという方法を使うしかなかった。この方法は熟練した研究者でも１ヶ月ほどはかかる。そのため、多くの分子生物学者は大腸菌や酵母といった使い勝手のよい生物を使い、ショウジョウバエやマウスといったモデル動物も、分子生物学の対象にはまだなっていなかった。

当時は「アゲハを使って擬態の遺伝子を捕まえたい」といっても笑われるのがオチで、10年くらいは外ではあまり言わないようにしていた記憶がある。分子生物学者たちから見れば、それだけ突拍子もない考えだったのかもしれない。「擬態を研究するなんて、なんと酔狂《すいきょう》な」という反応は今でもたまにあるが、以前に比べると少なくなった印象はある。技術の進歩によって十分に説得力を持ったデータを見せることができるようになったからだろう。ただ、「何かの役に立つ研究」というのを重視する人達の前では、いまだに肩身が狭いと思うのは筆者の卑屈《ひくつ》な性格のせいだろうか。

本章では、そんなスーパージーンに関する筆者たちの研究を紹介したい。

第一節では、筆者の擬態研究の始まりとなったカイコの幼虫の紋様と、興味深いアゲハ幼虫の擬態、蛹《さなぎ》の擬態について紹介する。第二節では、本書の主題であるスーパージーンの存在を明らかにしたシロオビアゲハやナガサキアゲハのベイツ型擬態の研究を紹介していく。

第一節：擬態研究の始まりとその醍醐味

最初、「擬態の遺伝子をアゲハで捕まえる」という目標はしばらく見送ることにした。学位を取得して4年後に研究室を構えることができるようになったのだが、あまりに研究室の規模が小さすぎて（学部生が1人、大学院生が1〜2人）アゲハを大量に飼育するのが難しく、また、研究費も十分にはなかったからだ。その代わりに使おうと考えたのがカイコだった。

擬態は、色、模様、形、行動などさまざまな形質が組み合わさって成り立っているが、取り組みやすいのは色と模様である。見た目ですぐに分かるからだ。鳥の糞に似せた模様であれば白と黒が基本で、その色が幼虫の体表のどの場所に現れるかで大きく印象が変わる。そして、模様がどのような遺伝子によって制御されるのかが分かれば、擬態の遺伝子解明に一歩近づくと考えたのだ。この点で、カイコは恰好の生き物だ。２０００年以上前から中国では大量の蚕が飼育され、その過程で多くの突然変異体が保存されてきたからだ。とくにカイコの幼虫は、人が桑の葉を与えながら育てるので、変わった模様の幼虫がいれば、すぐに気がつく。細い縞模様の「虎蚕」、太い縞模様の「黒縞」、背中に大きな2つの斑点がある「褐円」など、幼虫の模様の変異体だけで数十種類が知られている（図表7-1、次ページ）。

ずいぶんと古風な名前だなと思われた方がいるかもしれない。実際、虎蚕のような変異体は中国の古くからの名前が使われている。清朝末期、混乱の時代に多くの変異系統が中国から日本に持ち込まれたという話を聞いたことがある。

明治から第2次世界大戦まで日本は養蚕大国で、カイコの遺伝学は当時の日本の「科学」

図表7-1　多様なカイコの模様

の中でも極めて発展していた分野の１つだった。前述したように、カイコの虎蚕（縞模様の幼虫）と姫蚕（真っ白い幼虫）を使って、動物で初めてメンデルの法則を再発見した外山亀太郎は、世界でも最先端の研究を行っていた。

筆者がカイコに興味を持っているのは、養蚕や着物といった文化と密接な関係を持った特別な生き物だということもある。養蚕の歴史に興味があって中国の古典を調べたことがあるが、驚くことに中国・明代（１３６８-１６４４）の産業技術書『天工開物』（宋応星、１６３７年）には「蚕の体色には、純白、虎斑、純黒、花斑などの種類がある」と書かれていた。虎斑は虎蚕のことだと思われる。また、純黒は黒縞のことではないか（純白は姫蚕、花班は褐円だろう）と筆者は想像している。つまり、今の日本にも保存されている突然変異体の虎蚕、黒縞、姫蚕、褐円は、少なくとも４００年近く前から中国に存在していたと考えられるのだ。また、清代（１６４４‐１９１１）の書物『蚕桑要言』（呂広文）には、「蚕の品種には、姫蚕、黒縞、竜角（現在の日本にあるコブ系統ではないかと思われる：藤原注釈）などがある」とも書かれており、大体が現在の日本の突然変異系統の名前と一致している。つまり、清代の蚕の系統は現在の日本の系統とほとんど同じだと思われる。

　このようなカイコ幼虫の紋様変異体の遺伝子を捕まえようと、筆者は30代前半から研究を開始した。５〜６年もあれば何とか研究に目途がつくだろうと考えていた。ただ、研究室に入ってきた大学院生には黒縞の遺伝子を取ろうと持ちかけ、その後も何人かの大学院生を巻き込んだが、結局うまくいかなかったのである。２００７年に出版した拙著（『似せてだます擬態の不思議な世界』）で、そのあたりのことは書いているのでここでは繰り返さないが、紋様の遺伝子を同定する術が当時は十分ではなかった。

　紋様変異体の遺伝子を初めて捉えたのは、結局研究開始から20年以上経った50代前半のことだった。２００７年の拙著では「遺伝子はいずれ取れるだろう」と書いたが、その時点でも実は目途が立っていなかった（読者の方々には申し訳ない）。解決の糸口になったのは、やはりゲノム解読の力と新たな遺伝子機能解析手法の開発である。「酔狂」な上に「悠長」とおしかりを受けるかもしれないが、カイコ紋様の原因遺伝子ハンティングは、研究の開始から25年後に当初の目標を達成した。

虎蚕の原因遺伝子は免疫応答に関連したSpatzle3という遺伝子、黒縞（および姫蚕）の原因遺伝子は未知の転写因子（他の遺伝子の転写を制御する因子）をコードするApt-likeという遺伝子、褐円の原因遺伝子はある種の乳がんなどの原因にもなるWnt1という遺伝子、であることが分かった。１９０６年に外山亀太郎がメンデルの法則の再発見で使用した、虎蚕と姫蚕の２つの遺伝子が約１００年後に明らかになったのは、感慨深いのと同時に誇らしく思う。

実験をはじめる前は、体表の模様を制御しているだけなので、原因遺伝子はそれほど重要なものではないだろうと思っていた。しかし、これらの遺伝子は思っていたより重要な遺伝子が多く、予想外の結果だった。ただ、カイコの紋様研究はこの本の趣旨とは少し異なるので、詳細な説明は省略させていただく。

鳥の糞から木の葉に変身

30代はカイコの紋様の研究を細々と続けていたが、40代になると研究室も大きくなり、予算や大学院生の数も増えたので、元々やりたいと思っていたアゲハの研究に着手することにした。当然、アゲハの幼虫の紋様を研究したいと考えたが、アゲハには他にも擬態に関わる面白い現象がたくさんあり、それらにも興味を持ちはじめていた。

学部学生向けの講義などでは「アゲハはまるで擬態のデパートのよう」と説明するが、幼虫、蛹、成虫の各時期に興味深い現象がみられる。虫屋だったダーウィンとウォレスは、第１章でも少し紹介した通り、アゲハチョウのさまざまな擬態についてもしきりと文通で情報交換をしていた。彼らのやりとりの詳細は前著『だましのテクニックの進化』に書いたので、ご笑覧いただければと思う。また、アゲハのさまざまな擬態についても前著で紹介しているが、その生態の一端を理解してもらうために本書でも少しだけ紹介したい。

卵から孵化したアゲハは脱皮を繰り返して１齢、２齢幼虫となり、幼虫で最後となる４回目の脱皮を終えると５齢（終齢）幼虫になる。多くのアゲハチョウでは、４齢までは白と黒の紋様で鳥の糞に擬態しているが、5齢幼虫は食草となる柑橘系の緑色の葉（もしくは枝や棘など）に紛れるようになる（口絵6）。なぜ、わざわざ紋様を変えるのか理由はよく分からないが、それは鳥の糞の大きさと関係しているのかもしれない。鳥の糞は大きくても2〜3cmくらいだと思うが、アゲハの終齢幼虫は5〜6cmにもなるので、模様を変えないとかえって目立ってしまう、というのが一説だが、誰も明確な理由は知らない。

どうやって紋様が切り替わるのかについては、当時、大学院生だった二橋亮さん（現・産業技術総合研究所）が、ホルモンを使った巧みな実験で明らかにした。

昆虫では脱皮を進める脱皮ホルモン（エクダイソン）と、その作用と拮抗する（現状を維持する）幼若ホルモン（JH）という、2種類のホルモンが昆虫の脱皮や変態を制御している。この2つのホルモンと幼虫の紋様との関連を調べる過程で、JHを4齢幼虫（鳥の糞型）に塗ると5齢幼虫は緑色（柑橘系型）にならずに鳥の糞型のままになることを発見した。どうやら4齢幼虫になってから体内のJH濃度が急激に低下すると、数日後に脱皮するときに柑橘系型に切り替わり、この低下が抑えられると切り替わらないようだ。

興味深いのは、このような切り替えが起こらない原始的なアゲハが海外にはいるらしい。このアゲハは終生鳥の糞型で一度も柑橘系型にならないことから、擬態紋様の切り替えという進化が起こる前のアゲハのようだ。

ＪＨが、どのように幼虫の擬態紋様の切り替え指示を行えるようになったのかは、まだ分かっていない。鳥の糞型から柑橘系型に切り替わるアゲハと終生鳥の糞型のアゲハを比較すれば分かるかもしれない。ただ、終生鳥の糞型のアゲハを入手するのは難しそうだ。

アゲハ幼虫の紋様でもう1つ面白いのは、柑橘系型とは全く異なる紋様の終齢幼虫がいることだ。ナミアゲハとキアゲハの終齢幼虫を比較すると分かる。キアゲハ幼虫の各体節には黒い縞があり、その中に警告色のような黄色いスポットが見られるのだ（口絵6）。

柑橘系の葉を食べるナミアゲハと異なり、キアゲハの幼虫はニンジンやパセリといったセリ科の植物を食べる。つまり、終齢幼虫のときにとげとげの葉っぱに紛れるように、全く異なる紋様をしていると考えられている。キアゲハのようなセリ科を食べるアゲハの幼虫は、すべて柑橘系型とは異なった縞模様で、警告色のようなスポットのある紋様をしていることから、食草と終齢幼虫の紋様が密接に関係していることがよく分かる。しかし、お互いに近縁な種と考えられるアゲハの幼虫で、なぜこれほど違う紋様が生じるのかについては分かっていない。

つるつるスイッチとざらざらスイッチ

アゲハの蛹も緑色と茶色に切り替わるしかけを持っている。ただ、幼虫の紋様と異なる大きな違いが１つある。幼虫の紋様は周囲がどのような環境であっても、ゲノム中の遺伝子の命令に従って、鳥の糞型から柑橘系型に自動的に切り替わるのに対し、蛹は周囲の環境に応じて緑か茶色になる。

ベランダに柑橘系の鉢を置いておくと、アゲハの幼虫に葉を食い尽くされて、あっという間に丸坊主にされてしまう。怒らずに注意深く観察すると、枝や葉に蛹がついているのを見つけることができる。運がよければ、緑色と茶色の２種類の蛹を見つけられる。大概は、葉や細い枝についている蛹は緑色、太い幹についているのは茶色だ。

ただ、これはアゲハが自身の目で周りを見て、それに合わせて色を変えているのではない（そのような説もあるが）。元熊本大学教授の平賀博士の研究によると、蛹になる前のアゲハの幼虫が、糸をかける足場を探そうと、歩き回っているときの触覚に依存しているという（幼虫から蛹になるまでの期間を前蛹《ぜんよう》と言い、２～３日ほどかかる）。つるつるした場所を歩き回っていた幼虫は緑色の蛹。ざらざらした場所を歩き回っていた幼虫は茶色の蛹になる（口絵6）。

実際、つるつるしたプラスチックの中でアゲハを飼育してみると確かに緑色になり、なかにざらざらの紙をいれると茶色になる。ただし、前者は光を強くし、後者は暗くしたほうが確実に色を変えられるので、本当に触覚だけなのか疑問を差し挟む余地は少しある。

また、茶色と緑の選択のしくみにも、ホルモンが関与していることが知られている。ざらざらした触感の刺激は神経を介してアゲハの脳に到達し、そこで蛹の体色を茶色に変えるホルモンが分泌されるようだ。このホルモンが全身の表皮細胞に到達すると、メラニンなどの色素が合成されて茶色っぽい色になる。一方、つるつるしたところでは、このようなホルモンは分泌されないために緑色になる。つまり、何も刺激がなければ緑色になることになる。

このしくみが面白いのは、つるつるしたところ（葉や細い枝）とざらざらしたところ（太い幹）が、そもそも緑色と茶色となっていることである。ちょうど私たちが目をつぶって手探りの感覚から色を当てるようなものだ。無論、私たちが手探りで探した場合、つるつるしたところが必ずしも緑なわけでもなく、ざらざらしたところが茶色なわけでもない。あくまでも、アゲハのごく身近な環境では、そのような条件が成立しているのである。視覚による直接的な色の情報を利用しないで、自身の保護色を決定するようになったのはなぜなのだろう。

先にも述べたが、ヒラメやカメレオンと違って、昆虫の体色は即時に色が変わるわけではない。ヒラメやカメレオンのような動物（脊椎動物）では、色素細胞という細胞が表皮の近くにあり、細胞自体が色の調節を行っている。目で見た周囲の背景が脳で処理されて、神経系を通じて直接末端の細胞へ指令が伝わり、背景に合わせて色を変化させているのだ。ただこれも、鏡を見ながら化粧をするのとは違って、自動的に信号が処理されて体の表面がモニターのようになっているだけなのだろう。

一方、昆虫の体色は細胞そのものではなく、細胞の外側にあるタンパク質やキチンなどの物質からなる「クチクラ」が主に色づく。クチクラは英語で髪の毛の「キューティクル（cuticle）」と同じ単語だが、髪の毛と同様にメラニンやさまざまな色素によって、赤、黄、黒、茶色などで色づけられる。クチクラは、脱皮のときに真皮細胞から分泌されてできるが、同時に色素も分泌されて色のついたクチクラができるようだ。つまり、アゲハの5齢幼虫の模様も、蛹の体色（前蛹が脱皮して蛹になる）も、脱皮してから現れることになる。

重要なのは、ヒラメやカメレオンでは着色に遺伝子は直接関係しないが、アゲハでは遺伝子が体色を生み出している点だ。遺伝子からできたさまざまな酵素がメラニンや色素を作っているので、遺伝子が働かない限り色はつかない。遺伝子によって色がつくのは時間がかかるので、視覚ではなく、触覚と内分泌系を利用して時を稼いでいるのかもしれない。

ここまでのまとめ

虎蚕や姫蚕といった蚕の紋様の突然変異体は、数百年以上も前に中国の農民が見つけ、その「遺産」を使って外山亀太郎はメンデルの法則を再発見した。その１００年後に、筆者たちは現代の生物学を使ってそれらの遺伝子を見つけた。蚕というたぐいまれなる昆虫が紡いだ長い物語は別の機会があればぜひ紹介したい。

一方、アゲハチョウは幼虫、蛹、成虫と完全変態をする昆虫だが、そのすべてのステージでさまざまな擬態を駆使しながら、過酷な自然界を生き延びている。大型のアゲハ蝶は鳥にとって、よほどおいしい餌なのかもしれない。幼虫は幼若ホルモン（ＪＨ）の作用によって、鳥の糞の紋様から柑橘系の葉の紋様に姿を変え、蛹は脳から分泌されるホルモンによって緑色から茶色に変わり、周囲の色に合わせた保護色に変化する。その巧みな生きざまには感嘆《かんたん》の言葉しかない。

第二節：アゲハチョウの擬態スーパージーン物語

「虫屋」だったダーウィンとウォレスは、文通によって進化に関する議論を深めた。彼らの書簡は大量に残っていて、進化論が進んだ道筋のようなものが、文面から垣間見えて面白い。文通という手段を使ったことにより、重要な歴史的場面が記録される。そのようなことは今では中々ないことかもしれない。

私が興味を持ったのは、やはり蝶に関する多くの記述である。蝶の幼虫の色に関しては、ダーウィンがウォレスに「イモムシがときどき美麗で芸術的な色彩をしているのはなぜか」といった内容の手紙を送っている（１８６７年２月）。また、蝶の蛹の色に関しては、ウォレスがダーウィンに「周囲の物体の色に一致した色に変化したチョウの蛹の標本をご覧になりますか？　とても好奇心をそそられます」といった内容の手紙を送っている（１８６８年３

月）。これらの文面は私の研究の方向性にも大きな影響を与えた。

しかし、やはり目を引くのはウォレスがダーウィンに宛てた、次の内容の手紙だ。

> 力のずっと強いアゲハ属（*Papilio*）、シロチョウ属（*Pieris*）、ムラサキ属（*Diadema*）では、一般に雌だけがマダラチョウ科（*Danaidea*）に擬態しています（中略）雄だけがマダラチョウ属（*Danais*）やほかのものに擬態している例は、ひとつとして知られていません。
>
> （ウォーレス、ダーウィン『進化論の時代』より）

150年以上にわたってこの事実は多くの研究者や蝶の愛好家の興味を惹き、その謎を解こうと研究に向かわせた。私もその一人かもしれない。

また、ウォレスが自著『マレー諸島』で記した、ナガサキアゲハの擬態の記述も不思議だ。

擬態するメスと擬態しないメスがいて、次の世代でもその次の世代でもそれらは姿形を全く変えない。擬態と非擬態の中間となるようなメスは決してあらわれない。

おそらくこの記述に触発されて、60年後の１９３０年に統計学者のフィッシャーは自著でスーパージーン仮説を提唱した。それは、シロオビアゲハのような擬態は、染色体の１カ所に集まった複数の遺伝子によって制御される必要があり、逆位（原著では性染色体のようにという表現を使っているが）によって組換えが抑制されなければならない、という内容だ。

幼虫や蛹に比べて成虫は華やかだ。蝶好きと呼ばれる人で幼虫や蛹に興味を持つ人は少ない。また、幼虫や蛹の擬態に比べて、成虫のベイツ型擬態はさらに複雑である。多くの研究者がアゲハの擬態の中でも成虫のベイツ型擬態に引かれるのは、そのような理由によるのかもしれない。

筆者がシロオビアゲハを使って、ベイツ型擬態のしくみを調べようと思い立ったのはそれほど昔のことではなく、今から15年ほど前の50代になってからのことである。それまでは、ナミアゲハやキアゲハなどを使って、主に幼虫の紋様の研究を行っていた。これらの蝶は身近な場所に生息しているので、大学院生や研究員が近所で母蝶を採集して研究室に持ち帰り、卵を産ませて飼育することが可能だった。屋外で飛んでいるメスのほとんどがオスとすでに交尾しており、その精子を一旦体内に貯めこんでいるので、捕まえた母蝶が産んだ卵はほとんどがそのまま孵化する。

ただ、餌となる柑橘系の葉やセリ科の葉の調達には困った。大学院生の二橋さん（当時）が春先にカラスザンショウの幼木を見つけて自宅で育てたり、大学院生の自宅の柑橘類を利用させてもらったりして何とかしのいだ。蝶を育てる前に植物を育てる必要があったのだ。

一方、シロオビアゲハはそもそも本州には生息しておらず、日々実験に追われている分子生物学の研究室では、簡単には採集旅行にでかけるわけにはいかなかった。シロオビアゲハの実験をしたくてもできなかったという側面もある。

シロオビアゲハ研究の先駆者たち

シロオビアゲハの研究は、日本では生態学や行動学の分野ではかなり前から行われており、筆者が研究をはじめる前から、世界的にも知られる優れた成果が挙げられていた。ウォレスが示したように、この蝶は同じ地域にいる毒蝶のベニモンアゲハに、一部のメスだけ（擬態型）が翅の紋様や形、飛び方などを似せる。不思議なことにオスは全く擬態せず、擬態をしないメス（非擬態型）も存在する（口絵7）。

大崎直太博士は「シロオビアゲハはなぜメスだけが擬態するのか」といった疑問、また擬態型メスにかかっているコストなどについて、先駆的な研究結果を多数報告した。従来、鳥などの捕食者はシロオビアゲハのオスもメスも、同じように捕食していると考えられていた。しかし大崎博士は、メスのほうが捕食されやすいため、メスだけが擬態しているという説を示した。卵巣などを抱えたメスはオスに比べると飛翔能力が劣り、またオスに比べると栄養価が高いことから、鳥などに捕食されやすい（捕食圧が高い）と考えられるからだ。

さらに、なぜ擬態型と非擬態型の２つのメスがいるのか、という点についても興味深いデータを示した。１つは、シロオビアゲハのオスは、赤い斑点のある派手目な擬態型のメスよりも、自身と似た地味な非擬態型のメスを好むというものである（これについては海外では異論もあるようだが）。また、擬態型のメスは寿命などで非擬態型のメスよりも不利な状況にあり、「生理的なコスト」がかかっているともいう。生理的なコストについては筆者も興味を持ち、研究室でも最近確認したので、後ほど紹介したい。

一方、１９９１年に琉球大学の大学院生だった上杉兼司氏は、沖縄などの南西諸島7島で、モデル種の毒蝶（ベニモンアゲハ）やシロオビアゲハの擬態型メスなどの分布を調べた。例えば、ベニモンアゲハが全くいない竹富島（石垣島のすぐそばにある小さな島）では、シロオビアゲハには擬態型のメスは存在せず、非擬態型のメスしかいなかった。一方で、ベニモンアゲハが多数いる西表島では、シロオビアゲハの擬態型メスの割合が高かった。

擬態するモデル種がいない島では、捕食者の鳥がそもそもマズい味を学習する機会もなく、必然的に擬態型メスは存在しなくなるのだろう。モデル種となるマズい毒蝶の数が多いほど、擬態型メスは有利となり、その数や割合が増えていくこと（負の頻度依存淘汰説）を、大崎さんはシロオビアゲハで初めて実証した。

擬態の原因領域を探る

私は分子生物学者なので、生態学や行動学の分野には疎《うと》く、細かな情報までは分からなかったが、このような先駆者たちの仕事を少しずつ知るようになった。また、かつてのダーウィンやウォレスの議論のことも知り、シロオビアゲハの擬態がどのような遺伝子で制御されているのか、ぜひ知りたいと思うようになっていた。

最大の問題は、シロオビアゲハをどうやって入手するかである。最初は、シロオビアゲハを飼育している関西の昆虫館（伊丹市昆虫館や箕面公園昆虫館）から、分けていただいていたと記憶しているが、どうしても数が足らなかった。昆虫好きの人からはお叱りを受けそうだが、遺伝子の構造や働きを調べるには、大量の「材料」が必要なのである。何十匹では足らず、何百匹の蝶がないと分子生物学では仕事にならないのだ。

そんなときに当時、名古屋大学でメダカの遺伝学を研究されていた堀寛教授（現・名古屋大学名誉教授）に「石垣島に蝶館カビラという蝶の採集やツアーガイドをやっているところがある。聞いてみたら」と言われて、問い合わせたところ、館長の入野さんが採集してこちらに送ってくれることになった。10年以上、石垣島のシロオビアゲハを使って研究を続けられたのは誠にありがたい。ただ3年ほど前に辞められたので、その後は石垣島の青木さんという方に採集をお願いしている。

50年ほど前に、イギリスの遺伝学者クラークとシェパードは遺伝学的な解析から、シロオビアゲハの擬態はある1つの遺伝子座（この本ではHとする）で制御されていることを見つけた。この遺伝子は常染色体上にあり、擬態型Hが優性（顕性）で、非擬態型hが劣性（潜性）であることが示された。また、完全にメンデル遺伝に従うことも示された。したがって、擬態型のメスはHHかHh、非擬態型のメスはhhの遺伝子型となる。

しかし、奇妙なことにオスは、どの遺伝子型でも非擬態型にしかならない（実際には非擬態型メスと見かけが少しだけ異なる）。「なぜ同じ遺伝子型のメスとオスで異なる形質が生じるのか」「擬態型と非擬態型のメスがどのように生じるか」は全く分かっていなかった。

前著『だましのテクニックの進化』においても、このH遺伝子座について少し解説したが、未読の方のために本書でも紹介したい。前著をお読みの読者にはご容赦いただきたい。

H遺伝子座を探るためには、まず連鎖地図を作る必要がある。どの染色体のどのあたりにH遺伝子座があるかを知るためである。前述した堀寛教授はメダカの専門家ではあったが、蝶屋でもあり、退職後は蝶の研究をやりたいと言っておられた。そして、メダカの研究室を主宰しながらも、シロオビアゲハの連鎖地図も作られていて、全部で28本の連鎖グループ（染色体のグループ）があることをつきとめていた。

さらに、詳細な方法は割愛させていただくが、堀寛教授は連鎖解析を行って（例えば、翅の紋様で差があるものを掛け合わせて、子孫の翅を見ながら、どの染色体上の位置に原因領域があるかを調べる）、H遺伝子座の位置も探索されていた。その結果、擬態型と非擬態型をスイッチする遺伝子座が、第25染色体上の特定の場所にあることが判明。80万塩基対（最終的には

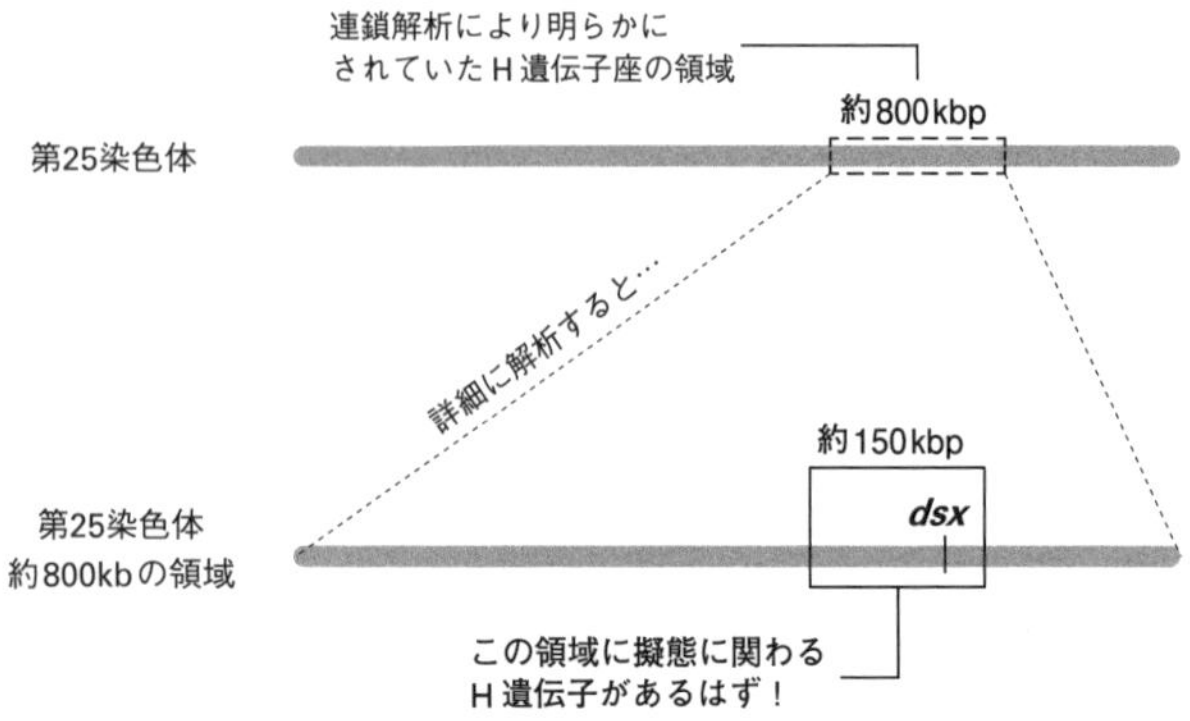

参考文献29をもとに作成

図表7-2　擬態を司るH遺伝子座はどこにあるのか

15万塩基対ほどになった）ほどの領域にH遺伝子座があることが分かった（図表7-2）。

クラークとシェパードが報告したのと同じように、ベイツ型擬態のすべての形質（翅の紋様・形など）はこの領域が制御している、つまり「複雑な適応形質が染色体の1カ所に集まって（おそらく複数の遺伝子によって）機能している」というスーパージーンの定義に当てはまった。こうして、シロオビアゲハの擬態もスーパージーンで制御されている可能性が高まったのだ。

ゲノム解読で分かった不思議な配列

さて、堀先生の連鎖解析の結果を受けて、今後どのようにして擬態の遺伝子を見つけていくかを考えていた10年ほど前に、さまざまな生物のゲノム解読を支援する文部科学省の「ゲノム支援」というプロジェクトに運よく採用された。そこで、日本では最もよく見られるナミアゲハと、研究室で飼育していたシロオビアゲハのゲノムを解読することにした。ゲノムには個体差があるので、なるべく少ない数のサンプルで配列決定をするほうがよい。シロオビアゲハでは最終的にとくに理由もなく、1匹の幼虫をサンプルとして選んだ。もちろん、幼虫なので擬態型か非擬態型かも分からない。

しかし、この幼虫のゲノム解読の結果は、大変奇妙なものだった。ほとんどの相同染色体でゲノム配列は99％同じだったのに、性染色体と第25染色体の一部では、相同染色体間で配列が大きく異なっていたのだ（図表7－3、次ページ）。この幼虫は幸運にも擬態型Hhのメスだったのである。

先述したように、性染色体もスーパージーンの1つと考えられている。例えば、オスになることを決定するヒトのY染色体には複数の遺伝子が存在し、逆位などによってX染色体とは組換えが起こらず、XとYでは配列が全く異なっている。これはまさしくスーパージーンである。

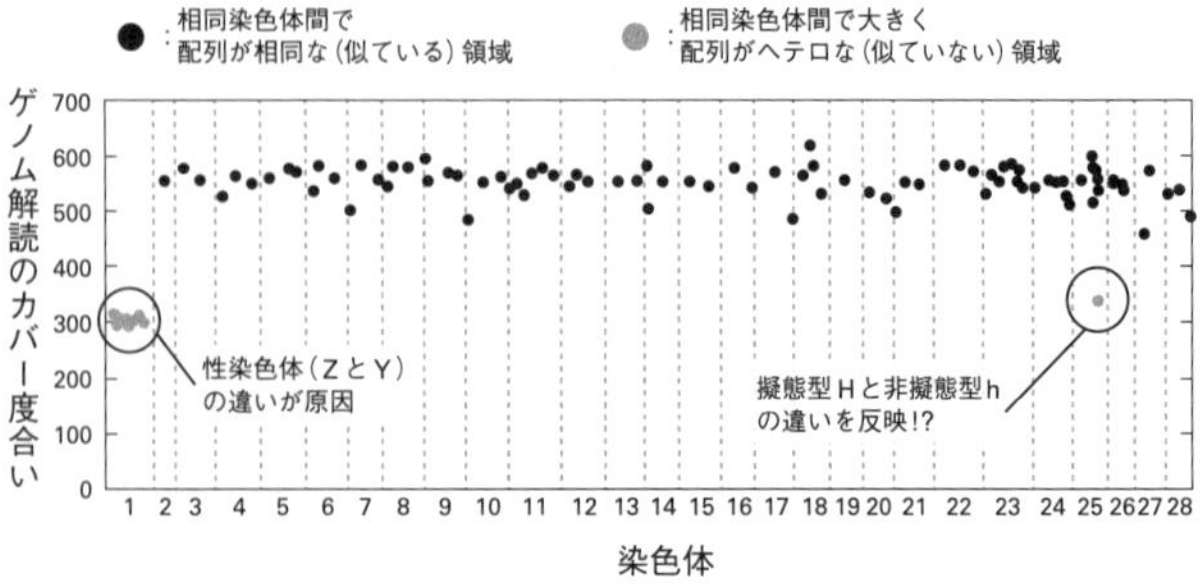

参考文献29をもとに作成

図表7-3　シロオビアゲハのゲノム解読で分かった奇妙な配列

シロオビアゲハは、ヒトと違ってW染色体がメス決定染色体となっており、オスはZ染色体を持つ。したがって、メスはZW染色体を持つのだが、ヒトの場合と同じように2つの性染色体の配列は全く異なっていたのである。つまり、これもXY染色体と同様にスーパージーンの一種と考えられた。メスはZWという性染色体を持ち、両者はほとんど組換えを起こさず、ZとWは著しく異なる配列となっているのだ。

しかし、第25染色体でなぜ相同染色体の配列が異なっているのか、当初その意味は分からなかった。性染色体と同じように「第25相同染色体の配列が大きく異なるのは、スーパージーンだから」と気づいたのは、実はかなり後になってからだ。

この領域は堀先生が同定した領域に含まれていた。

さらに、患者と患者でない人のゲノム配列の差を比較することで病気の原因領域を探るような手法（ＧＷＡＳ：genome wide association study）を用いて、ベイツ型擬態の原因領域を探索すると、結果は配列の異なっていた第25染色体の領域と一致した。つまり、この領域が擬態を司るスーパージーン領域であると考えられたのだ。全く異なる手法で領域が一致したことは驚きだった。

　ゲノム解析用のために、シロオビアゲハ擬態型Hhのメスの幼虫を偶然1匹選んだ瞬間に、その後の運命が決まったといっても過言ではない。もし、非擬態型hhのメスを選んでいたら、研究は頓挫していたかもしれない。

　この領域の配列が異なっていたのは、片方がH（擬態型）に対応する染色体、他方がh（非擬態型）に対応する染色体であるためだった。よく調べてみると、配列が著しく異なるのは15万塩基対ほどで、擬態型Hでは、この領域に3種類の遺伝子が含まれていることが分かった。

　その1つは、doublesex（dsx）という、昆虫だけでなく、魚などの脊椎動物でも見つかる遺伝子で、オスやメスに性分化させる働きを持つ。興味深いのは、Hの染色体上にあるdsxとhの染色体上にあるdsxでは、方向が完全に逆向きになっていたことであった。つまり、Hとhの染色体ではdsxの近くで、染色体が逆位を起こしていたのである（図表7-4、次ペー

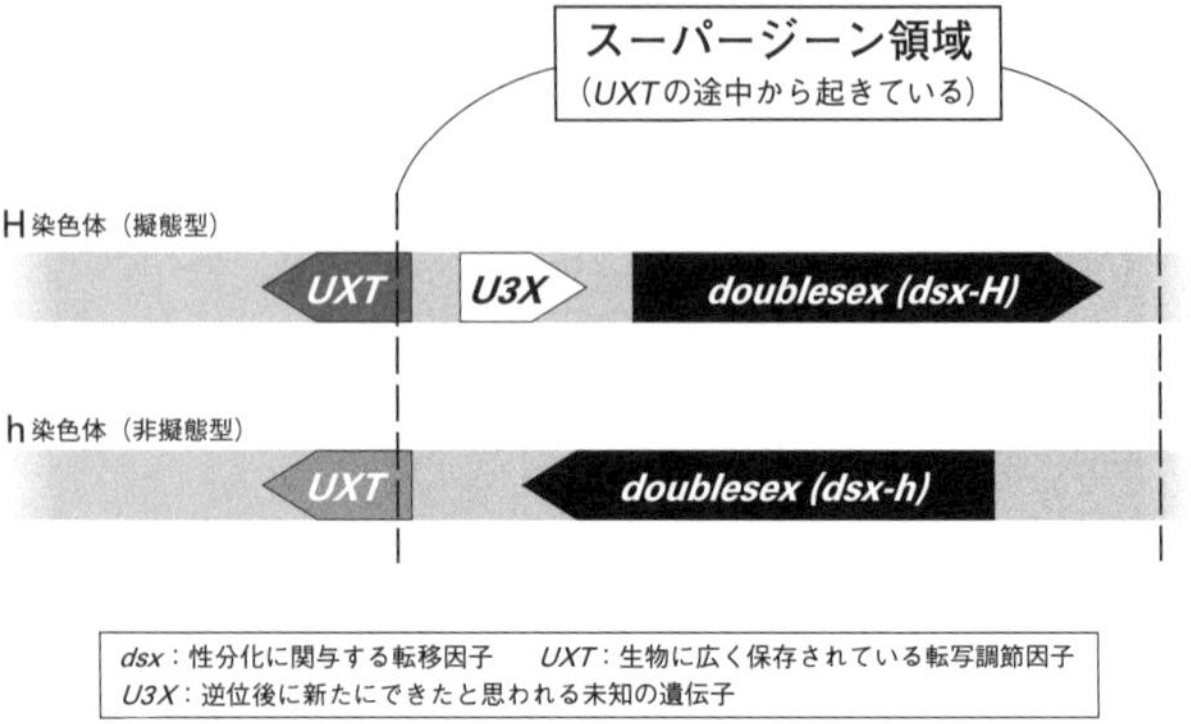

図表7-4　シロオビアゲハのスーパージーンの構造

ジ）。「スーパージーンを実際に発見したかも」という実感を得られたのは、この逆位の存在が一番大きかった。

擬態の主役となる遺伝子dsx

「擬態と非擬態の2つの種内多型に対応した、複数の遺伝子からなる染色体領域が、逆位によって固定されている」という、スーパージーンの定義に完全に一致している事実を見出したとき、フィッシャーやドブジャンスキーといった先人たちの予想の正確さと、理論の美しさに感動した。これまでの遺伝学ではほとんど示されていないような現象に思われたからだ。

dsxは極めて重要な遺伝子で、近縁な種ではよく似た配列をしている。近縁種間で配列が高く保存されているということだ。しかし、Hの上にあるdsx（dsx-H）と、hの上にあるdsx（dsx-h）のタンパク質では15個ほどアミノ酸配列が違っていた。ある生物種で重要な遺伝子が15個もアミノ酸配列が変わっていることはふつうない。Hとhのdsxは機能が違っているとしか考えられず、dsx-Hはベイツ型擬態を誘導する機能を持っていると予想した。

そこで、このことを確かめるために、電気で細胞膜に孔を瞬間的に開けるエレクトロポレーションという方法を使って、siRNAを導入してみた。siRNAというのは、標的のmRNAの配列に作用して、最終的に分解してしまう（RNA干渉法）効果を持つ。特定の遺伝子の働きを阻害する機能を持っていると思ってもらえばいい。RNA干渉法は、現在はほとんどの研究者が使っている方法で、難病の治療薬などにも利用されている。発見したクレイグ・メロー博士（1960-）とアンドリュー・ファイアー博士（1959-）は、2006年にノーベル生理学・医学賞を受賞している。

それで、実験の結果はどうなったかというと、擬態メスの翅でdsx-Hの発現を抑制すると、翅の紋様が大きく変化した（口絵8）。もう少し具体的にいうと、擬態型では毒蝶のベニモンアゲハに似せるように後翅の縁に赤いスポットが見られるが、このスポットがなくなったりした。また、擬態型では白い斑紋が翅の真ん中に集まっているのが、抑制された個体は非擬態型のように、翅を横断するような白いオビ状に変化した。

　これはまさしく、擬態型の紋様が非擬態型に切り替わったという変化である。少し分かりにくいが、dsx-Hの働きを抑制することで擬態型から非擬態型になったということは、dsx-Hが擬態型を誘導しているのだろうという結論になる。

　一方、擬態型メスでdsx-hを抑制しても何の変化も起こらなかった。dsx-hは擬態に関しては何の機能も持っていないのである。つまり、15個のアミノ酸変異が蓄積したdsx-Hだけが、擬態を引き起こすために特化した機能を持っているということだ。

　シロオビアゲハのHhやHHの擬態型メスでは、dsx-Hが働いて擬態型の翅が生じるが、hhの非擬態型メスではdsx-Hがなく、dsx-hには擬態を起こす作用がないので擬態型の翅にはならない。なぜHhのオスが擬態型にならないかも調べてみると、dsx-Hがオスの翅などで、ほとんど発現しないためだと分かった。「なぜメスだけ擬態できるのか」という理由は、こうして遺伝学的に説明がついた。

　読者には、なぜ15個ものアミノ酸が変わる変異が、dsx-H上に生じたかという謎はもうお分かりかもしれない。別の言い方をすると、どのようにしてHとhの間では、配列が多様化したのかという疑問である。

　Ｈとｈの間のように、逆位を起こした相同染色体の領域では染色体構造が大きく異なり、組換えが抑制されると考えられる。組換えが抑制されると、Ｈとｈの領域に変異が起こってもそのまま蓄積していき、dsxタンパク質の機能も両者の間で変わってしまうだろう。また、「擬態スーパージーン」の３つの遺伝子は、この逆位によって組換えから守られ、いつも一緒に次世代に伝わっていくことになる。ウォレスが１５０年前に唱えた中間型が生じない理由はこのようなメカニズムによるのだ。

なぜメスは擬態型だけにならないのか

　シロオビアゲハで擬態型と非擬態型が生まれる理由は分かった。では、ベイツ型擬態によって鳥からの捕食を免れるならば、なぜシロオビアゲハのすべてのメスは擬態型にならないのだろうか。

　わざわざ擬態型と非擬態型の種内多型を維持する理由はあまりない気がする。これは別の種ではおそらく事実だろう。例えば、私たちの身の回りでも見られるクロアゲハは、毒蝶のジャコウアゲハに擬態しているといわれるが、非擬態型のメスがいないだけでなく、オスもメスも擬態している。クロアゲハでは、すべての個体が擬態する方向に進化をしたのだろう。

一方、モデル種となる毒蝶のいない竹富島では、シロオビアゲハでも擬態型メスはいなくなってしまった。おそらく、H型の染色体が集団中からなくなってしまったのだろう。逆に、h型の染色体がなくなってしまえば、メスはすべて擬態型になる。地域や環境が変われば、種内多型が維持される保証はない。クロアゲハも、もしかしたら最初は種内多型があったかもしれないが、非擬態型が失われてしまった可能性は否定できない。

そうすると、シロオビアゲハが種内多型を維持していること自体が不思議に思えてくる。種内多型が生じた理由を類推するのは難しいが、種内多型が維持される理由としては、どちらのタイプにも利点と欠点があり、集団内でバランスがとられていることが考えられる。非擬態型の欠点は捕食されやすいのに対し、擬態型の利点は捕食されにくいことだ。では、シロオビアゲハの非擬態型メスの利点と擬態型メスの欠点は何なのだろう。

紫外線による巧みな擬態と恋愛術

1つは大崎博士が指摘した「オスは自身と似た非擬態型のメスを好む」という説である。これが正しければ、非擬態型メスにとっては利点であり、擬態型メスにとっては欠点だ。

大崎博士によると、非擬態型の後翅にあるオビ状の「淡黄色」の紋様はオスを惹きつける働き（リリーサー）を持つという。一方、擬態型メスの翅の真ん中にある「淡黄色」にはそのような働きがないようだ。私たち人の目から見るとほとんど分からない違いだが、実際に研究室で調べてみると、前者はパピリオクロームⅡというアゲハによく見られる物質でできているのに、後者は全く別の物質であることが分かった。

面白いことに、パピリオクロームⅡは紫外線を吸収すると青く光るが、擬態型の淡黄色は紫外線を反射してしまう。また、擬態型の淡黄色の紫外線を反射する性質は、ベニモンアゲハの翅にある淡黄色と酷似している。

そして、アゲハ蝶はヒトとは違って、実は紫外線を見ることができる。となると、オスと非擬態型のメスの淡黄色は紫外線で青く光るのに、擬態型のメスの淡黄色は紫外線を反射することで、オスから見るとまるで違った色に見えるかもしれない（図表7－5）。つまり、これが非擬態型のメスがオスを惹きつけるのに影響している可能性がある。

また、鳥も紫外線を見ることができる。そのため、シロオビアゲハの擬態型メスやベニモンアゲハの淡黄色を見て感じる「色」は、人と鳥では全く異なっているかもしれない。極端にいえば、私たちが紫外線を含む太陽光の下で淡黄色と思う色を、鳥はピンク色ととらえているのかもしれないのだ。鳥は擬態型のメスの淡黄色を見ると、ベニモンアゲハのことを思い出して食べようとしないが、非擬態型のメスの淡黄色を見ても何も連想しないかもしれない。

紫外線の下では、私たちが考えている以上に、擬態型と非擬態型の形質は際立って違っているのである。

擬態の対価

また、大崎博士がもう1つ指摘した、「擬態型メスの生理的コスト」という説も検証して

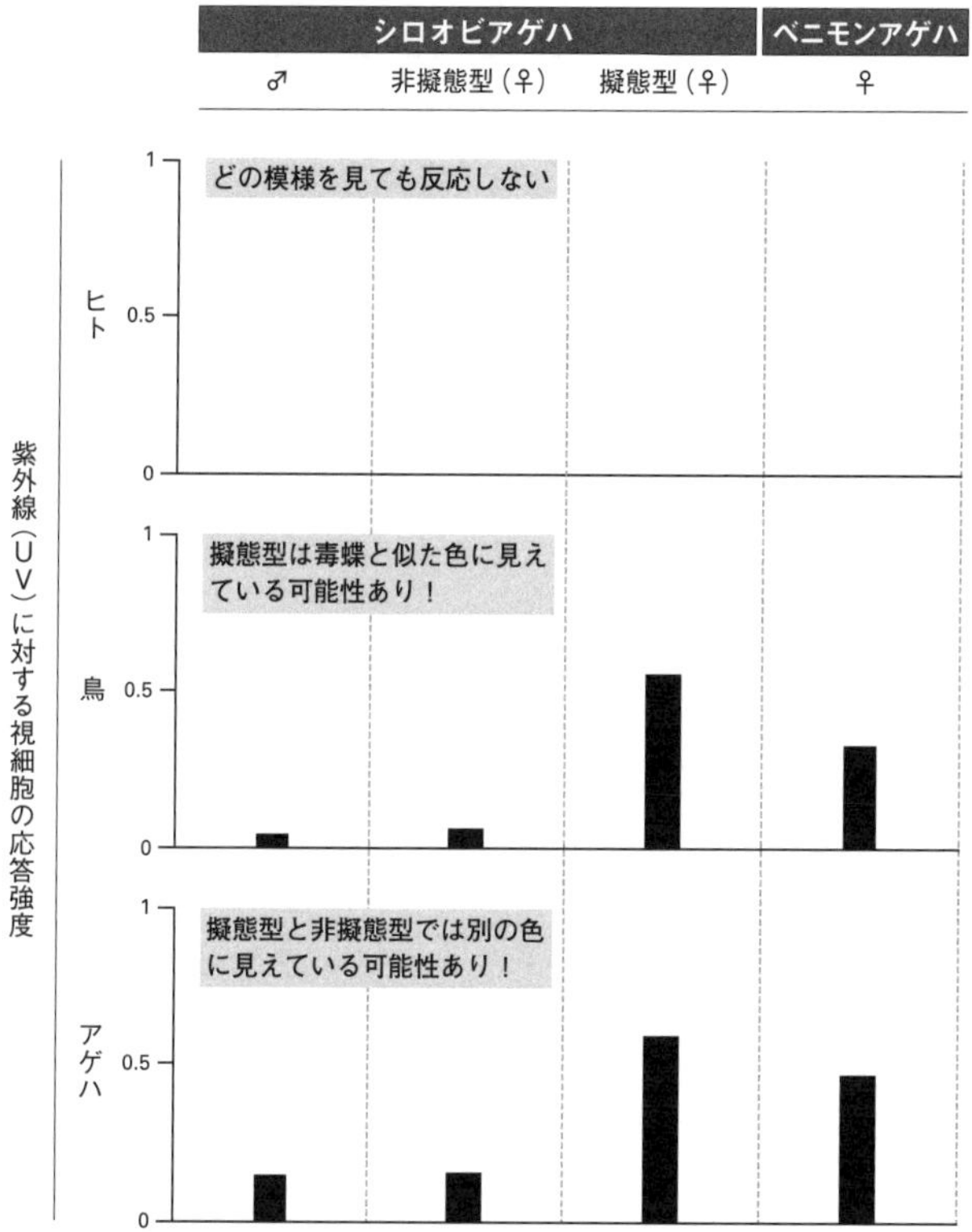

参考文献38をもとに作成

図表7-5　生物ごとに後翅の淡黄色領域はどう見えているか

みようと考えた。分子生物学を専門とする私たちの研究室では、屋外に行って蝶を観察するのはハードルが高い。そこで、研究室でシロオビアゲハを飼育して、寿命や産卵数を比較することを試みた。大崎博士の時代と違うのは、DNAを調べてみれば、それがHH型の擬態型メスなのか、Hh型のオスなのかということが明瞭に分かる点である。単に擬態型か非擬態型かを区別するだけでなく、個々の遺伝子の影響を比較することが可能になるので、より正確に「生理的コスト」を算定できるだろうと考えた。

結果は、幼虫や蛹の致死率、幼虫期間や蛹期間の長さ、メスの産卵数など、さまざまな点で個々の遺伝子型で違いが見られたが、最も明瞭な違いがあったのは蝶の寿命である。蝶がそもそもどれくらい生きるのか、私たちもあまり知らないが、シロオビアゲハのオスは、どの遺伝子型（HH、Hh、hh）でもおよそ2週間ほどだった。非擬態型メス（hh）は約4週間。一方で、Hh型擬態型メスは約2週間、HH型擬態型メスは約1週間だった（図表7-6）。

予想以上の寿命の違いに驚いた。どうやら、オスの寿命にはH遺伝子座はあまり関与していないが、メスではH型の遺伝子を持つメスほど短命であるようだ。H遺伝子座はメスに擬態の利益をもたらすと同時に、寿命を縮めるなど不利益も与えている。ただ、あくまでも研究室の飼育条件なので、実際の野生集団では異なる部分もあるかもしれない。

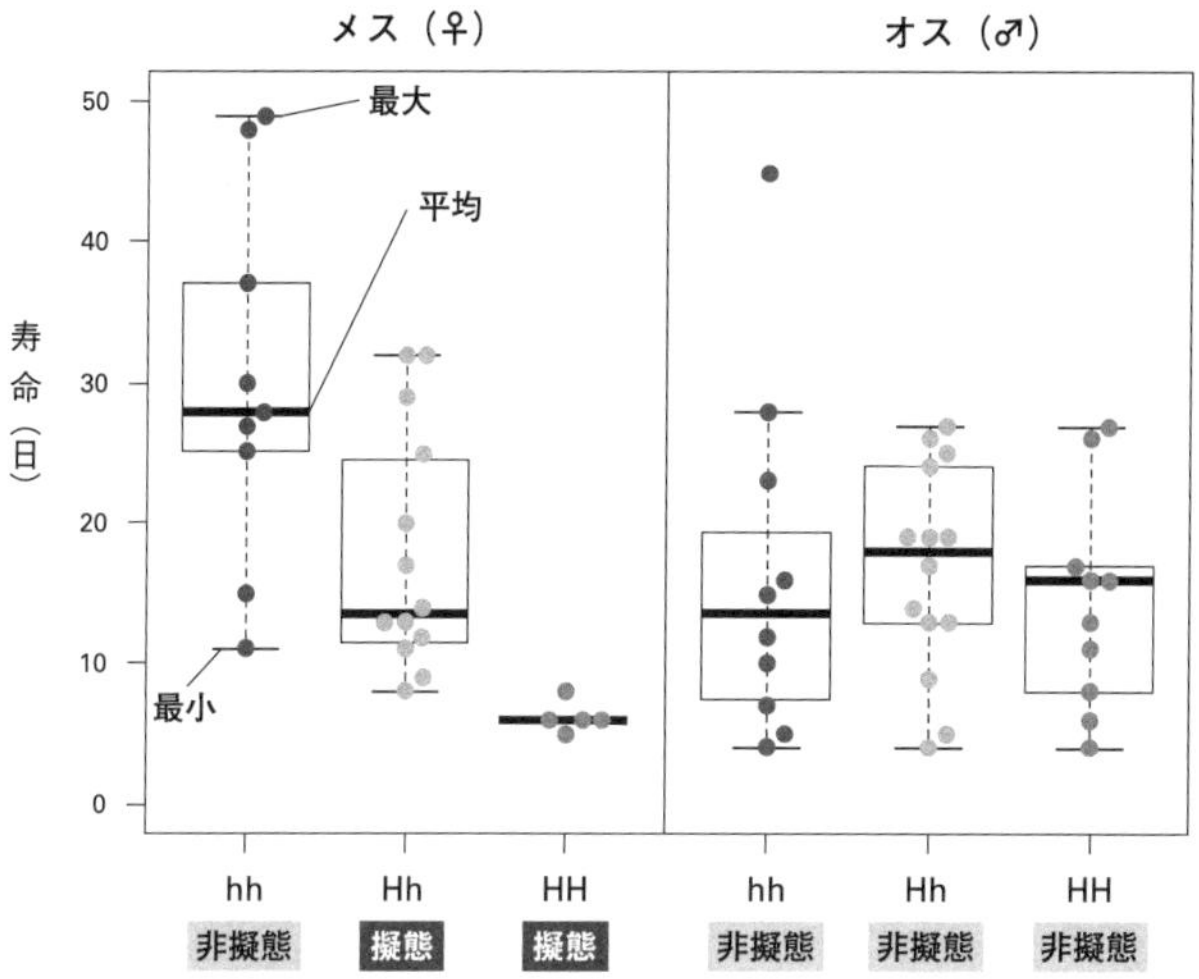

参考文献22をもとに作成

図表7-6　シロオビアゲハの寿命比較

ここで、何が寿命を縮めているのかという点に興味が湧くが、この疑問の答えを考えるには、H遺伝子座の主役であるdsxの働きを考える必要がある。

dsxという遺伝子は性分化を制御するが、さまざまな遺伝子の発現を調節する能力を持つタンパク質転写因子でもある。dsxの働きで分かりやすいのは精巣や卵巣を作ることだが、実際には体のいたるところで働いている。したがって、dsx-Hであろうが、dsx-hであろうが、これら本来の働きは同じようにこなさなければならない。

ただ、dsx-Hはこれらの働きに加え、「擬態する」という働きが加わった。アミノ酸が変化して、そのような働きが可能になったかもしれないが、同時に本来行うべき体を維持するという働きがdsx-hに比べると劣るようになったのかもしれない。オスの翅ではdsx-Hはほとんど発現しないので擬態紋様は作られないが、同時に悪い影響もあまり与えずに済んでいるのかもしれない。

他の遺伝子は何をしているのか

さて、ここでさらに疑問に思うのは、dsx-Hという擬態の主役の遺伝子がいるのならば、スーパージーンの他の遺伝子は何をしているのかということだ。スーパージーンの定義からすると、擬態にとって必要な遺伝子は１カ所に集まり逆位によって固定されていることになる。

H遺伝子座には、よく知られたdsx以外にＵＸＴとＵ３Ｘという２つの遺伝子があるが、これらの遺伝子の機能はよく知られていなかった。dsx-Hの機能は研究室の西川英輝研究員が２０１４年に明らかにしていたが、実は同時にこれらの遺伝子の働きも調べたがよく分からなかったのである。dsx‐Ｈ遺伝子はsiＲＮＡによるＲＮＡ干渉法で発現を抑えると、はっきりと翅の紋様が変化するが、これらの遺伝子についてはそのような効果が見られなかったのだ。

なぜ以前の実験ではdsx‐Ｈ遺伝子以外の効果が分からなかったのか。１つには、ＵＸＴやＵ３Ｘを抑制しても大きな変化が見られるはずだという思い込みがあったことが挙げられる。また、実験では小さなガラス針で後翅にsiＲＮＡを注射する必要があるが、ガラス針が折れないで打てるのは蛹になった脱皮直後の時期（ちょうど脱皮直後であるソフトシェルクラブが柔らかくて食べやすいように）に限られるという点もあるだろう。ＵＸＴやＵ３Ｘはもっと別の時期に働いているかもしれないのだ。

しかし、ごく最近になって、これらの遺伝子の発現を蛹直後の時期に抑制すると、わずかな変化があることを見つけた（この原稿を書いている途中で論文を投稿した）。ＵＸＴの発現を擬態型メスで抑制すると、後翅の縁の赤いスポットが小さくなり、また中心部の淡黄色の形が非擬態型のメスに少し近づいた。Ｕ３Ｘの影響はさらに微妙で、中心部の淡黄色の領域の形がほんのわずか変形しているように見えた。

スーパージーン研究の先人たちは、着目している複雑な適応現象に大きく貢献する中心的な遺伝子（マスタージーンとも呼ぶ）がある以外に、わずかな変化をもたらす修飾遺伝子（モディファイアー）がある可能性を示してきた。例えば、シロオビアゲハが最初にベニモンアゲハに擬態したときは、「後翅の端に赤いスポットが生じた」「後翅の中央の淡黄色の形が変わった」など、完全ではないが毒蝶に似た翅が生じたことで、生存にわずかに有利となったのかもしれない。しかし、より精緻に擬態するものが生じれば、そのほうがさらに生存に有利になるだろう。つまり、dsx‐Ｈのような主役遺伝子が紋様を大きく変えた後に、ＵＸＴやＵ３Ｘのような近傍の脇役遺伝子がより精緻な擬態紋様に修飾するようになったのかもしれない。

もしdsx‐Ｈだけで擬態紋様ができるのならば、ＵＸＴやＵ３Ｘが逆位の中に存在してdsx‐Ｈと一体化する必要性はない。脇役としてなんらかの働きがあるからこそ、ＵＸＴやＵ３Ｘは長い進化の力に抗ってでもスーパージーン一座の一員としてdsx‐Ｈの働きを支えているのかもしれない。

最近、新聞で読んだ「ＡＩ（人工知能）とディープフェイク（本物に極めて近い架空の画像や動画を作り出すこと）」に関する記事が面白かった。これまでのＡＩでは、例えば本物と分かっている犬の画像と偽物と分かっている画像をＡＩが大量に取り込んで、犬の特徴を学習して、フェイク画像を作る。これはディープラーニング（深層学習）という手法によって可能となったが、場合によっては数百万枚の犬の画像が必要となるらしい。しかし、最近は大量の画像を集めずに、フェイク画像を作ってだまそうとするＡＩと、それを見破るＡＩが何度も情報をやりとりすることによって、画像の完成度を挙げられる技術が登場したそうだ。

　これは、まさしく擬態してだます被食者と、それを見破る捕食者の関係に近い。もし、擬態がスーパージーンによって制御されている場合は、脇役遺伝子によって擬態の精度が上がるが、捕食者は目や脳などがそれを見破る。進化の過程でこれを繰り返すことによって、よりモデル種に近い擬態種が誕生するのだろう。

２つのスーパージーンは似て非なるもの

　さて、本書の冒頭でウォレスが取り上げたナガサキアゲハの話はどうなったのか、と気になった読者がいるかもしれない。ナガサキアゲハはシロオビアゲハに近縁な蝶として知られている。両種ともメスの一部だけがモデル種の毒蝶に擬態して、非擬態型と擬態型のメスは違った紋様をしている。このようなメスだけが擬態し、さらにメスに多型がある蝶はアゲハ蝶の仲間の中でもそう多くはない。

では、近縁だからあまり違いもないかというと、そうではない。シロオビアゲハではオスと非擬態型メスが非常に似ているのに、ナガサキアゲハでは非擬態型メスとオスの間でも翅の紋様が大きく異なっている。そのためか、シロオビアゲハでは見られた「オスが非擬態型のメスを好む」「擬態型のメスと非擬態型のメスで寿命が異なっている」といった性質もナガサキアゲハでは報告されていない。

ナガサキアゲハでは不思議なことが1つある。以前は九州地方だけで見られていたのが、現在では東京近辺でも観察されるのだ。それも、これらはいずれも非擬態型のメスかオスだけに限られ、擬態型のメスは本州では一切見られないのだ。

擬態型のメスは沖縄や石垣島などにも見られず（ごくまれに奄美大島では見つかるという）、台湾以南に行かないと見ることはできない。温暖化などの影響のためか、非擬態型は生息域を北に広げているが、擬態型は北上できない。このことは、擬態型と非擬態型で温度への感受性が大きく異なっていることが示唆される。

私たちは最近ナガサキアゲハのゲノム解析を行い、そのベイツ型擬態の原因領域が、シロオビアゲハとほぼ同じ第25染色体のdsx近傍領域にあることを確かめた。ここでも、ゲノム解読の情報だけで相同染色体の間で配列が大きく異なる領域を絞り込む方法が功を奏した。また、シロオビアゲハと同様にdsxという主役遺伝子の他にＵＸＴを含む2個の脇役遺伝子も含まれており、スーパージーンを構成していると考えられた（図表7-7、次ページ）。

しかし、非常に奇妙なことに、ナガサキアゲハの擬態スーパージーンには、相同染色体の間に逆位が全く見当たらなかったのである。これまで発見されているスーパージーンでは染色体逆位が見つかっていないものは知られていない。もし、逆位がなければ組換えが起こり、擬態型と非擬態型の相同染色体間の配列は同じようになってしまうのではないだろうか。

しかし、実際に調べてみると、擬態型のdsxを含む領域と、非擬態型のdsxを含む領域では配列が大きく異なっており、組換えが抑制されていることが示された。メカニズムは不明だが、配列自体が大きく異なっていることにより組換えが抑制されるのかもしれない。

また、擬態スーパージーン領域には大量にトランスポゾンが入り込んで、相同染色体の間で構造そのものが変わっていた。トランスポゾンというのは、細胞の中でＤＮＡ（ゲノム）の中を飛び回る不思議な「遺伝子」である。ウィルスには細胞に感染してゲノムにも入り込

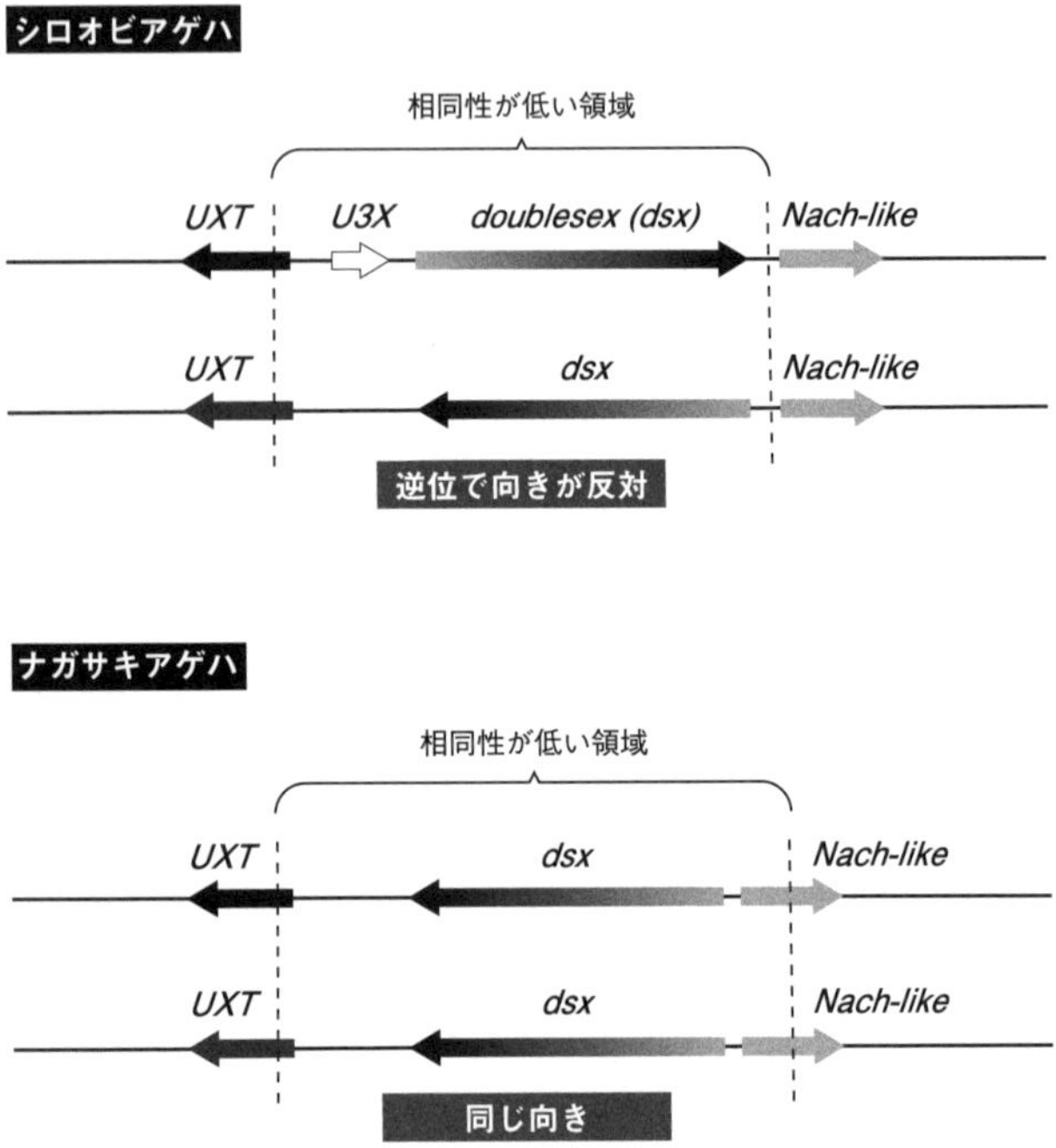

図表7-7　シロオビアゲハとナガサキアゲハのスーパージーンの違い

むものがあるが、トランスポゾンは細胞間を感染する能力を失ったウィルスのようなものと考えれば、分かりやすいかもしれない。自分のコピーを増やすように挙動している利己的遺伝子とも考えられている。ヒトゲノムでは驚くことにゲノムの半分近くがトランスポゾンで占められている。もしかしたら、このようなトランスポゾンの大量の蓄積も、ナガサキアゲハの擬態スーパージーンの組換え抑制と関係しているのかもしれない。

　では、なぜこのようなことが起こったのだろうか。その疑問を解消する仮説としては、1つに次のようなものが挙げられる。

　まず、シロオビアゲハやナガサキアゲハの祖先で、dsx近傍で逆位が起こり、擬態スーパージーンとして機能するようになる。その後、シロオビアゲハではそのまま同じ構造が受け継がれたが、ナガサキアゲハではもう一度逆位が起こり、元の方向に戻るといった流れだ。また、もう1つは祖先種で大量にトランスポゾンが入り込んで、相同染色体の間で組換えが起こらなくなった可能性である。シロオビアゲハでは、その後、逆位が起こってスーパージーンが固定されたのかもしれない（図表7-8、次ページ）。

　私たちの研究からは、ナガサキアゲハとシロオビアゲハの擬態スーパージーンは別々に誕生したという第3の可能性（平行進化仮説）も考えている。ナガサキアゲハとシロオビアゲ

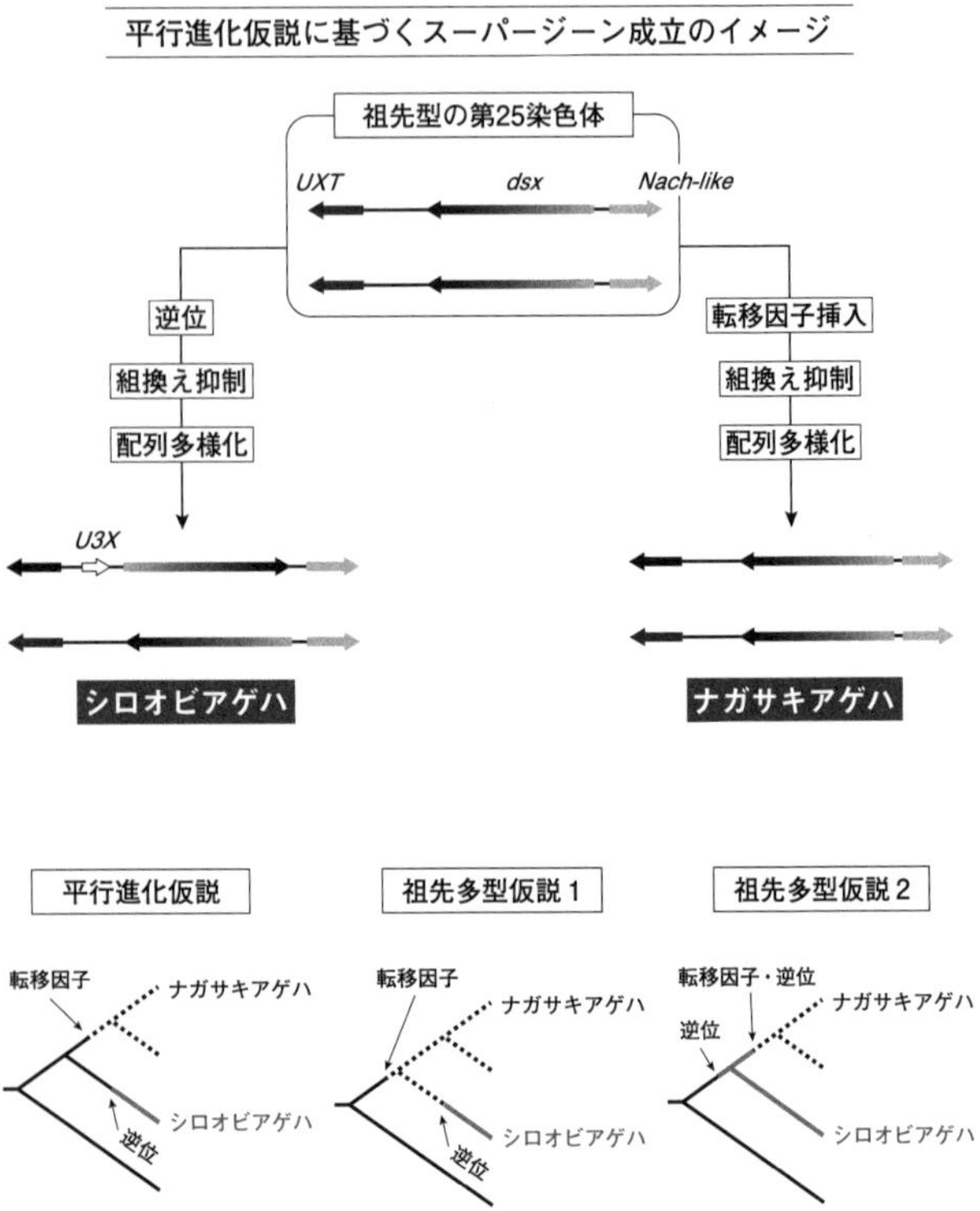

図表7-8　2種のアゲハのスーパージーンはどのように生まれたのか？

ハを比べると、スーパージーンの構造や擬態の性質が大きく異なるのだ。今後、何種類かのアゲハを比較すれば、どのように擬態スーパージーンが誕生したのか、その秘密を解き明かすことができるかもしれない。

第7章のまとめ

本節では、ダーウィンやウォレスが興味を持った、シロオビアゲハやナガサキアゲハのメスの蝶だけが毒蝶に擬態する現象が、どのように解明されてきたのかを紹介した。日本の先駆的な研究者たちが行った生態学や生理学の研究から、筆者たちの専門的な分子生物学的研究まで含めて紹介したので、難しいと感じられた読者も多いかもしれない。

結論としては、これらの蝶の擬態は第25染色体のごく一部の領域に存在する、スーパージーンによってもたらされていることが分かった。この擬態スーパージーンには複数の遺伝子が含まれているが、とくにdsxという雌雄の性質を決める遺伝子が、後翅などに見られる擬態特有の紋様を作り出していることが分かった。一方、シロオビアゲハのスーパージーンには逆位があるのに、ナガサキアゲハには逆位がない。また、両者のメスやオスの紋様はずいぶんと異なっており、そのような違いが生み出される原因についてはまだよく分からない。

さて、次が最後の章となる。次章では、スーパージーンについてもう一度「何が新しいのか」「何が面白いのか」を考え、今後のスーパージーン研究がどのように展開していくのかを予想してみたい。

第8章

スーパージーン物語の過去・現在・未来

スーパージーンに関する物語を長く述べてきたが、「最初から話がどのようにつながってきたのかよく分からなくなった、結局スーパージーンって何なのか」と戸惑っている読者もいるかもしれない。少し繰り返しになるかもしれないが、もう一度その物語を振り返ってみよう。そして、想像の翼を広げて、スーパージーン研究の未来についても少しだけ思いを馳せてみたい。

スーパージーンのこれまで

１５０年ほど前に、イギリスではダーウィンやウォレスといった人物が、世界中の生物や標本を観察して、「祖先型の生物から環境に適応して新たな生物種が誕生する」という進化の理論（『種の起源』の初版当時は進化という単語はなかったが）を発表した。

「ヒトは神が作ったのではなく、他の生物（例えばサルのような）から派生したのだろう」。このような学説は、キリスト教文化の中にどっぷりつかっていた一般市民にとっては青天の霹靂《へきれき》で、地球が回っていると唱えたコペルニクスと同様の衝撃を与えたに違いない。

ダーウィンやウォレスはその著書などで、とくに奇妙で興味深く不思議な生物現象を数多く紹介した。その中のいくつかは、現時点ではスーパージーンで制御されている現象だと分かっている。

例えば、前章などで紹介したナガサキアゲハの擬態はその1つで、サクラソウのめしべの長さと自家受粉との関係についてはダーウィンが興味を持っていた。サクラソウの中には、めしべやおしべの長さに違いがあるものが存在するが（種内多型という言葉を思い出してほしい）、これらは花粉を運ぶ昆虫のハチなどの行動に合わせて生じたと予想した（詳しくは第5章を参照）。

スーパージーンの第1のキーワードは「複雑な生物現象」である。ダーウィンやウォレスはメンデルと同時代の人間だが、遺伝や突然変異といったことは知らず、遺伝子（メンデルも具体的には分からなかったが）の存在ももちろん知らなかった。つまり、彼らは遺伝子（ジーン）という概念を知った上で、ナガサキアゲハやサクラソウの例を挙げたわけではない。ただ単に、複雑な面白い現象を指摘した中にスーパージーンの例が入っていた、ということなのだろう。

しかし、「複雑で面白い現象」というのが、実はスーパージーンにとって重要である。複雑な生物現象は、おそらく極めて長い進化の過程で環境に高度に適応した結果、得られたものだろう。単に花が白い／赤い、翅が長い／短いといった単純な現象ではなく、擬態のように食うか／食われるか、サクラソウのようにハチが送粉してくれるか／くれないかといった複雑な現象、その大本にスーパージーンが強く結びついているのである。

スーパージーンが関わっているのは、その個体にとって生死や種の維持に関わるような現象である。このような現象には、進化の過程で選択された最適の形、模様、行動などが複雑に絡み合い、多数の遺伝子が関わっている。

そして、スーパージーンの第2のキーワードはこの「多数の遺伝子」である。

大半の生物現象は遺伝子そのものが制御している。無論、神経やホルモンで制御されるものも多いが、その大本の情報は遺伝子から得られたものである。生物現象はたった1つの遺伝子で制御される場合もあれば、複数の遺伝子で制御される場合もある。

例えば、体重や背の高さは複雑でたくさんの遺伝子が関わっており（量的形質：第2章参照）、必ず同じ形質が生じるとは限らない。175㎝の人もいれば、160㎝の人もいる。80㎏の人もいれば、50㎏の人もいる。1万人の人を観察すれば、背の高さや体重はほとんど連続的に変化しているだろう。身長や体重に関わる複数の遺伝子は、さまざまな染色体上に存在し、母親と父親に由来する染色体の組み合わせが非常に多いために、その形質は一定とはならない。日本には１７５㎝と１６５㎝の男性しかいないといったことは、決して起こらないのである。

しかし、スーパージーンに関する現象はこれとは全く異なる。ウォレスが述べたように、擬態をするメスのナガサキアゲハは代々同じ模様をしている。擬態をしないメスも代々同じ模様をしている。父や母が変わろうが、その子孫に擬態と非擬態の中間の模様は決して生じないのである。

スーパージーンの第３のキーワードは「常に同じ」である。

常に形質が変わらずに伝わるという不思議な現象が起こるためには、その形質をコントロールする複数の遺伝子は同じ染色体上に隣接して存在しなければならない。それによって複数の遺伝子が同時に次世代に伝わる確率が格段に上がる。しかし、それだけでは不十分である。組換えによって複数の遺伝子が分断して伝わってしまうおそれがあるからだ。それを防ぐには複数の遺伝子が組換えを受けないようにする必要があるが、それを可能とするのが逆位である。

逆位によって組換えが抑制され、常に同じ遺伝子セットが伝わることを、１９３０年に具体的に仮説として示したのが、統計学の巨人ロナルド・フィッシャーだ。フィッシャー自身はスーパージーンという言葉を使わなかったが、複雑な生物現象が複数の遺伝子によって常に変わらずに伝わっていくことを明瞭に指摘している。

ただ、スーパージーンの実体はその後80年近く分からないまま、時が過ぎ去っていった。

スーパージーン研究の今

スーパージーンが再び表舞台にその姿を現しはじめたのは、２０１０年以降である。それは、ヒトのゲノム解読が終了して10年ほど経ち（完全解読は２０２２年）、さまざまな動植物で安く短時間に全ゲノムの解読ができるようになった時期でもある。

スーパージーンを捕まえるためには全ゲノムの情報が必要だ。なぜなら、「複数の遺伝子が染色体の１カ所に集まっている」「相同染色体の間に逆位が存在する」といったスーパージーンの特徴を捉えるためには、ＤＮＡの詳細な塩基配列がなくてはならないからである。

スーパージーンがゲノム上に実在することが最も早く示されたのは、ミューラー型擬態で有名なヘリコニウスという毒蝶であり、続いてベイツ型擬態のシロオビアゲハでも見つかった。ダーウィンとウォレスの進化論、フィッシャーの仮説、そしてスーパージーンの証明、不思議なことに蝶は常にその中心にあった。進化遺伝学者たちに蝶好きが多く、蝶のゲノムが比較的小さい（ヒトのゲノムの15分の1ほど）ことなどが関係しているのかもしれないが、擬態という不思議な現象に多くの人が魅入られたからではないか、と筆者は想像している。

現在（２０２２年）では、植物、魚、鳥、昆虫などの数十に上る興味深い現象に、スーパージーンが関わっていると目されている。さらには、「ヒトにスーパージーンが存在するか」という疑問にも興味が持たれている。２０２２年にペーボ博士がノーベル生理学・医学賞を受賞したことで、注目が集まったネアンデルタール人だが、最大でそのゲノムの40％ほどが現在の人類に引き継がれているという。

現生人類とネアンデルタール人の共通祖先は50万年以上前にはアフリカにいたが、ネアンデルタール人が初期にアフリカを出て、現生人類は長らくアフリカにとどまり、両者が出会ったのは10万年ほど前のことのようだ。それまでの間にネアンデルタール人は寒冷地に適応し、適応した遺伝子は現生人類の寒冷地への居住に役立ったと考えられている。このようなネアンデルタール人の遺伝子を含めると、ヒトにおいても明瞭なスーパージーンがいずれ見つかるかもしれない。
ここで、ゲノム解析などから明らかになったスーパージーンの構造をまとめよう。

①同じ種に複数の形質のタイプがある（例えば擬態するメスとしないメス：種内多型）場合に、ある染色体の特定の位置に複数の遺伝子がスーパージーンとして固まって存在する。

②相同染色体間で比較すると、スーパージーン領域のＤＮＡ配列が大きく異なっていて、それぞれの配列（領域）が複数のタイプの形質に対応していると考えられる（残念ながら、現時点では各遺伝子の機能が明らかになったスーパージーンはほとんどない）。

③多くの場合、相同染色体の間に逆位が生じることで組換えが抑制され、長い進化の過程で突然変異が蓄積したため、配列が大きく異なったと思われる。

本書を読んだ読者はスーパージーンと「性」の深い関係性にも気づかれたかもしれない。シロオビアゲハのメスの擬態、サクラソウのめしべの長さ、エリマキシギの複数のオス、いずれも性と密接に関係している。これらの動植物ではスーパージーンを使ってでも、性にまつわる姿・形・行動などを変えずに子孫に伝える必要があるのだろう。
その意味では、性染色体はまさしくオスとメスを作るためのスーパージーンともいえる。ヒトのオスになるためのＹ染色体、カイコのメスになるためのＷ染色体などは、相方のＸ染色体やＺ染色体とは構造が大きく異なり、相同染色体の間では組換えが起こらない。他にも、多くの動植物では、性染色体全体が性決定のスーパージーンとなっている。

ここで疑問となるのは、シロオビアゲハではメス決定のＷ染色体というスーパージーンがあるのに、なぜさらにメスを擬態にさせるためのスーパージーン（第25染色体）を作る必要があったのかということだ。おそらくだが、Ｗ染色体はオスとメスという2種類の違いを生み出す、トータルコーディネーターのようなもので、擬態という特別な現象には別の設計図が必要となったのかもしれない。進化の過程でメスの一部だけが擬態するようになったが、元々は擬態に対応するために生み出されたのだろう。この場合も染色体の一部ではなく、染色体全体として特定の生物現象を生み出す存在になれば安定化するのだろうか。シロオビアゲハのベイツ型擬態のスーパージーンも、性染色体のように「擬態染色体」となることを夢見ているのかもしれない。

話が少し逸れてしまった。もとに戻そう。

多くの動植物にとって性の存在は種の存続に不可欠である。多様な病原菌や新たな環境に適応するには、遺伝的多様性（遺伝子の種類や組み合わせ方）を常に確保しておくのは重要だ。また、相同染色体が2つあれば、生存に不利な突然変異を持つ遺伝子があっても、もう片方の遺伝子が補ってくれる。ツタンカーメンが弱冠18歳で亡くなったのは、近親交配（両親が兄妹）の結果、生存に不利な遺伝子が重なったとの説もあり、遺伝子の多様な組み合わせが重要であることがよく分かる。

したがって、相同染色体を持つことも、染色体が複数に分かれていることも、組換えによって遺伝子の組み合わせを増やすことも、遺伝的多様性を増やすための工夫なのだろう。性は遺伝的多様性を確保する場であり、交雑は遺伝子をシャッフルする機会を与える。

大部分の染色体領域は、赤の女王が走り回るように常に変動するように仕向けられている。しかし、組換えを抑制し、同じ遺伝子セットを次世代に伝えるスーパージーンはこのような原則に反しているように見える。おそらく、スーパージーンや性染色体は例外的な染色体領域として存在し、重要な形質を変わらないように伝える役割を背負っているのだ。

10年先のスーパージーン

このように書いてくると、スーパージーンのことをずいぶんと分かったように感じる。

しかし、分からないことはまだまだ多い。「スーパージーンはどれくらいあるのか？」「最初はどのようにできたのか？」「複数の遺伝子が同じ染色体上にどのように集まったのか？」「スーパージーンが先か、形質が先か？」「逆位はいつどのように生じたのか？」「逆位以外に組換えを抑制する方法はあるのか？」などなど、疑問は山ほどある。これらはスーパージーン物語の未来に語られることになるだろう。

ダーウィン、ウォレス、メンデルあたりは読者の方もご存じだと思うが、ドブジャンスキー、ハミルトン、ドーキンスといった進化遺伝学・進化生物学の天才たちがスーパージーンの存在を追い求めていたことを執筆の途中で初めて知って驚いた。また、ダーウィン、メンデル、フィッシャーたちの学説が社会に与えた影響の大きさも改めて感じた。

進化遺伝学者たちによって提唱された「机上のスーパージーン」は、１００年近く経って実際に存在すると確認された。スーパージーンはまだ十分に浸透していない概念だが、進化遺伝学や集団遺伝学に大きな大きなインパクトを与えている。その存在そのものが科学史的にも未解明だったことに加え、染色体や遺伝学にまつわる謎を多数身にまとっている。

相同染色体、組換え、逆位など、これまで常識と思われていた事実も、スーパージーンを通してみると違った面が見えてくる。例えば、逆位によって組換えが抑制されるという事実は科学者でも知らないことが多いが、スーパージーンの研究から組換え、逆位といった染色体上の現象が、進化を語るのに必要な新たなキーワードになったのは予想外のことだった。

スーパージーンが関わる現象がどこまで広がるのか、まだ分からない。今はほとんどの人が知らないスーパージーンという存在が、10年ほど先では多くの人が知っている進化学・遺伝学の重要な概念の１つになっていることを期待したい。

おわりに

私は子供の頃は、ともかく引っ込み思案で積極的に何かやろうということは全くなかった。いつも5歳上の兄にくっついているか、家で飼っていた犬とずっと遊んでいるような子供だった。学校の成績もよくなかった。今の小学校は違うようだが、私の頃の小学校は1年生から5段階評価で、3年生くらいまでは2とか3しかなかった記憶しかない（当然5が一番いい）。「植木算だの鶴亀算だの、なぜこのようなことを考える必要があるのか」と訝しがっていたので当然成績もよくなかったのだろう。

ここで、「しかし、昆虫だけは好きだった」「生物だけは興味があった」と書くほうが、話の流れはよいのだが、そのようなこともなかった。ただ、自分の祖父が古代インド語の学者で、祖母が日本画の画家だったことを子供ながらに誇りに思って生きていたような気がする。他人とは違うことをすることに憧れがあったのかもしれない。これはおそらく今も自分の研究マインドの根底にある。

読書好きでもなかったが、小学校高学年で読んだノルウェーのヘイエルダールという探検家の『アク・アク』という本にいたく感動した。太平洋の孤島イースター島の巨石文化の謎を調べる物語だが、そのころから古代の文化、とくに古代文字が面白いと思うようになった。将来は、未解読の古代文字を調べるような研究をしたいと考えるようになったが、そのうち医者、建築家、芸術家などさまざまになりたいものが生じ、いずれも本気度が足らず、最後に残ったのが生物学者だった。

生物学には多様な分野がある。私がこれまで関わってきたのは、発生学、内分泌学、遺伝学、分子生物学、進化生物学などであるが、やってみて分かったのは「割り切れる」ようなものが好きだということだ。小数点以下が延々と続くような答えは好きではないのだ。その意味で、遺伝学や遺伝子を扱う生物学は、情報そのものがアナログよりデジタルに近くて、「割り切れる」感覚が好きなのだと思う。子供の頃に解読したかった古代文字の代わりに、ゲノム上の配列にどのような秘密が隠されているかを今調べているのかもしれない。

この本は、スーパージーンという研究者でも馴染みの薄い、古くて新しい概念を紹介したいと考えて執筆した。当初は、著者たちのアゲハチョウのベイツ型擬態の研究を中心に紹介して、スーパージーンとは何か、その謎解きをしようと構想していた。しかし、スーパージーン仮説がどのように提唱されたのかを調べるうちに、その興味深い歴史に惹きつけられてしまった。

「擬態・変態・染色体」というキャッチフレーズで研究室を運営して35年ほどになる。読者からすると、何か支離滅裂な印象を受けるかもしれない。擬態と変態は多少近いが、染色体は全然関係ないじゃないか、と。かくいう筆者もとくに関連性があると思って研究してきたわけではない。たんに語呂合わせでアピールするには分かりやすいだろうとつけただけなのだ。それぞれのテーマが面白かったので、とくに1つに絞り込もうと思っていなかった。ただ、所属する大学院生や研究員にとっては迷惑な話だったかもしれない。

染色体については、大学院のときにトランスポゾンの研究をしていたので、少し先にはじめているが、擬態と変態は大学院を出てからはじめたので、3つの研究を並行して行ってきた欲張りな研究者である。いかなる研究もある時期にはうまくいき、ある時期は停滞するものだ。したがって、この3つの研究を同時に行うというのは、「どうしてよい結果が出ないのだろう」「どうしていい雑誌に論文が載らないのだろう」といった悩みを減らすにはよいやり方だった。

というのも、幸いにもどの時期でも何か1つはうまくいっていたからである。ただ、このようなやり方は世間一般ではあまり推奨されていないような気がする。そもそも1つの研究でもうまく行かせるには不断の努力が必要なところ、二兎どころか三兎を追って研究するような根性では1つもうまくいかないだろう、というのも真実である。そういう意味では不届きな研究者だったかもしれない。

もう1つ、他の研究者と違う（同じだという研究者もいるかもしれないが）のは、ほぼ最初から最後まで同じテーマで研究しているということだ。今年度で私は退官予定である。つまりトランスポゾンは25歳くらいから65歳まで、擬態と変態は大体30歳から65歳までずっと続けているのである。とくにトランスポゾンについては、修士課程の2年生のときに見つけたR2というｒＤＮＡにのみ転移する因子をいまだに研究している。

このようなスタイルも昨今の研究の風潮（とくに欧米の人たちにいわせると）からすると「ナンセンス」だと言われかねない。研究には波がある。それこそサーフィンと同じように、大きな波に乗れば、よいパフォーマンスができる。つまり、ある程度先を見越して、大きな波が来る前にテーマは変えなければ、旧態依然とした、古ぼけた冴えない研究者にしかなれないということだ。これも真実である。

波があったのは事実である。とくに擬態の研究については、本書にも書いたように10年ほど前からのゲノム解読といった技術がなければ、全く先に進まなかっただろう。一方で、その意味ではやはり継続には意味があったとも思える。ゲノム解読、遺伝子機能の解析など、ごく最近の波に乗ったからこそ、ベイツ型擬態の原因に辿り着けた。さらに、私自身もあまり着目していなかった１００年前からの「スーパージーン」仮説を自分自身で再発見できたのは幸運というしかない。

さらに、擬態は昆虫の脱皮や変態と密接な関係にあり、スーパージーンが染色体の構造の一部であることを考えると、「擬態・変態・染色体」というキャッチフレーズは数十年の時を経て、スーパージーンのように１つの遺伝子として挙動するように結びついた。

＊　＊　＊

最後に本書を書く機会を与えていただいた光文社の河合健太郎氏にお礼申し上げる。

２０２３年４月

藤原晴彦

生物学」『化学と生物』32（9）、pp.567-576、1994年
(49) Sylvia S. Mader and Michael Windelspecht『マーダー生物学』藤原晴彦監訳、東京化学同人、2021年
(50) 関村利朗、藤原晴彦、大瀧丈二監修『チョウの斑紋多様性と進化－統合的アプローチ』海游舎、2017年
(51) 宋應星『天工開物』藪内清訳注、平凡社、1969年
(52) ダーウィン『種の起原 上』八杉龍一訳、岩波文庫、1990年
(53) ダーウィン『種の起原 下』八杉龍一訳、岩波文庫、1990年
(54) W・ヴィックラー『擬態－自然も嘘をつく』羽田節子訳、平凡社、1970年
(55) 二河成男編著『改訂版 生命分子と細胞の科学』放送大学教育振興会、2019年
(56) 日本動物学会関東支部編集『生き物はどのように世界を見ているか－さまざまな視覚とそのメカニズム』学会出版センター、2001年
(57) 平賀壯太『蝶・サナギの謎』トンボ出版、2007年
(58) 藤原晴彦『だましのテクニックの進化－昆虫の擬態の不思議』オーム社、2015年
(59) 藤原晴彦『似せてだます擬態の不思議な世界』化学同人、2007年
(60) 藤原晴彦『新版 よくわかる生化学－分子生物学的アプローチ』サイエンス社、2011年
(61) ヘンリー・W・ベイツ『アマゾン河の博物学者』長澤純夫訳、思索社、1990年
(62) 吉村仁『素数ゼミの謎』文藝春秋、2005年
(63) リチャード・ドーキンス『利己的な遺伝子〈増補新装版〉』日高敏隆、岸由二、羽田節子、垂水雄二訳、紀伊國屋書店、2006年
(64) ルイス・キャロル『鏡の国のアリス』矢川澄子訳、新潮社、1994年
(65) 渡部昇一『幸福なる人生－ウォレス伝 渡部昇一遺稿』育鵬社、2020年

(36) Yamaguchi J., Yamamoto K., Mita K., Banno Y., Ando T. and Fujiwara H. "Periodic *Wnt1* expression in response to ecdysteroid generates twin-spot markings on caterpillars." Nature Communications 4: 1857, 2013.
(37) Yoda S., Otaguro E., Nobuta M. and Fujiwara H. "Molecular mechanisms underlying pupal protective color switch in *Papilio polytes* butterflies." Frontiers in Ecology and Evolution 8: 51, 2020.
(38) Yoda, S., Sakakura K., Kitamura T., KonDo Y., Sato K., Ohnuki R., Someya I., Komata S., Kojima T., Yoshioka S. and Fujiwara H. "Genetic switch in UV response of mimicry-related pale-yellow colors in Batesian mimic butterfly, *Papilio polytes*." Science Advances 7: eabd6475, 2021.
(39) Yoda S., Yamaguchi J., Mita K., Yamamoto K., Banno Y., Ando T., Daimon T. and Fujiwara H. "The transcription factor Apontic-like controls diverse colouration pattern in caterpillars." Nature Communications 5: 4936, 2014.

【日本語文献・五十音順】

(40) アーノルド・C・ブラックマン『ダーウィンに消された男』羽田節子、新妻昭夫訳、朝日新聞社、1997年
(41) アルフレッド・ラッセル・ウォレス『マレー諸島』宮田彬訳、思索社、1991年
(42) A・R・ウォレス『熱帯の自然』谷田専治、新妻昭夫訳、平河出版社、1987年
(43) 上田恵介編著『擬態－だましあいの進化論〈1〉【昆虫の擬態】』築地書館、1999年
(44) 上田恵介編著『擬態－だましあいの進化論〈2〉【脊椎動物の擬態】【化学擬態】』築地書館、1999年
(45) ウォーレス、ダーウィン『進化論の時代－ウォーレス＝ダーウィン往復書簡』新妻昭夫訳、みすず書房、2010年
(46) Austin Burt and Robert Trivers『せめぎ合う遺伝子－利己的な遺伝因子の生物学』藤原晴彦監訳、遠藤圭子訳、共立出版、2010年
(47) 大崎直太『擬態の進化－ダーウィンも誤解した150年の謎を解く』海游舎、2009年
(48) 神山康夫「植物が自己花粉を認識するメカニズム－自家不和合性の分子

Hindwing and Abdominal Mimicry Traits in the Female-Limited Batesian mimicry of *Papilio memnon*." Frontiers in Insect Science 2: 929518, 2022.

(24) Komata S., Yoda S., KonDo Y., Shinozaki S., Tamai K. and Fujiwara H. "Functional unit of supergene in female-limited Batesian mimicry of *Papilio polytes*. Genetics 223: iyac177, 2022.

(25) KonDo Y., Yoda S., Mizoguchi T., Ando T., Yamaguchi J., Yamamoto K., Banno Y. and Fujiwara H. "Toll ligand Spätzle3 controls melanization in the stripe pattern formation in caterpillars." PNAS 114: 8336-8341, 2017.

(26) Kunte K. et al. "*doublesex* is a mimicry supergene." Nature 507: 229-232, 2014.

(27) Lamichhaney S. et al. "Evolution of Darwin's finches and their beaks revealed by genome sequencing." Nature 518: 371-375, 2015.

(28) Li J. et al. "Genetic architecture and evolution of the *S* locus supergene in *Primula vulgaris*." Nature Plants 2: 16188, 2016.

(29) Nishikawa H., Iijima T., Kajitani R., Yamaguchi J., Ando T., Suzuki Y., Sugano S., Fujiyama A., Kosugi S., Hirakawa H., Tabata S., Ozaki K., Morimoto H., Ihara K., Obara M., Hori H., Itoh T. and Fujiwara H. "A genetic mechanism for female-limited Batesian mimicry in *Papilio* butterfly." Nature Genetics 47: 405-409, 2015.

(30) Orteu A. and Jiggins C. D. "The genomics of coloration provides insights into adaptive evolution." Nature Reviews Genetics 21: 461-475, 2020.

(31) R. A. Fisher "The genetical theory of natural selection." Oxford at The Clarendon Press, 1930.

(32) Roberts R. B., Ser J. R. and Kocher T. D. "Sexual conflict resolved by invasion of a novel sex determiner in Lake Malawi cichlid fishes." Science 326: 998-1001, 2009.

(33) Schwander T, Libbrecht R and Keller L. "Supergenes and complex phenotypes." Current Biology 24: R288-R294, 2014.

(34) Thompson M. J. and Jiggins C. D. "Supergenes and their role in evolution." Heredity 113: 1-8, 2014.

(35) Toyama K. "Studies on the hybridology of insects. I. On some silk-worm crosses, with special reference to Mendel's law of heredity" Bulletin of College of Agriculture, Tokyo Imperial University 7, 1906.

(12) Futahashi R. and Fujiwara H. “Juvenile hormone regulates butterfly larval pattern switches.” Science 319: 1061, 2008.

(13) Hreinn Stefansson et al. “A common inversion under selection in Europeans.” Nature Genetics 37: 129-137, 2005.

(14) Huang Y-H. and Wang J. “Did the fire ant supergene evolve selfishly or socially?” BioEssays 36: 200-208, 2013.

(15) Iijima T., Kajitani R., Komata S., Lin C-P., Sota T., Itoh T. and Fujiwara H. “Parallel evolution of Batesian mimicry supergene in two *Papilio* butterflies, *P. polytes* and *P. memnon.*” Science Advances 4: eaao5416, 2018.

(16) Iijima T., Yoda S. and Fujiwara H. “The mimetic wing pattern of *Papilio polytes* butterflies is regulated by *doublesex*-orchestrated gene network.” Communications biology 2: 257, 2019.

(17) Jin H., Seki T., Yamaguchi J. and Fujiwara H. “Prepatterning of *Papilio xuthus* caterpillar camouflage is controlled by three homeobox genes: *clawless*, *abdominal-A* and *Abdominal-B.*” Science Advances 5: eaav7569, 2019.

(18) Jin H., Yoda S., Liu L., Kojima T. and Fujiwara H. “Notch and Delta Control the Switch and Formation of Camouflage Patterns in Caterpillars.” iScience 23: 101315, 2020.

(19) Joron M. et al. “Chromosomal rearrangements maintain a polymorphic supergene controlling butterfly mimicry.” Nature 477: 203-206, 2011.

(20) Kitamura T. and Imafuku M. “Behavioural mimicry in flight path of Batesian intraspecific polymorphic butterfly *Papilio polytes.*” Proceedings of the Royal Society B, Biological Sciences 282: 2015.0483, 2015.

(21) Komata S., Kajitani R., Itoh T. and Fujiwara H. “Genomic architecture and functional unit of mimicry supergene in female limited Batesian mimic *Papilio* butterflies.” Philosophical Transactions of the Royal Society of London. Series B, Biological Sciences 377: 2021.0198, 2022.

(22) Komata S., Kitamura T., Fujiwara H. “Batesian mimicry has evolved with deleterious effects of the pleiotropic gene *doublesex.*” scientific reports 10: 21333, 2020.

(23) Komata S. Lin C-P. and Fujiwara H. “*doublesex* Controls Both

参考文献一覧

【英語文献・アルファベット順】

(1) Ando T. and Fujiwara H. "Electroporation mediated somatic transgenesis for rapid functional analysis in insects." Development 140: 454-458, 2013.

(2) Bodmer W. et al. "The outstanding scientist, R.A. Fisher: his views on eugenics and race." Heredity 126: 565-576, 2021.

(3) C. A. Clarke, P. M. Sheppard "Super-genes and mimicry." Heredity 14: 175-180, 1960.

(4) C. A. Clarke, P. M. Sheppard "The genetics of the mimetic butterfly *Papilio memnon* L." Philosophical Transactions of the Royal Society of London. Series B, Biological Sciences 254: 37-89, 1968.

(5) C. A. Clarke, P. M. Sheppard "Further Studies on the Genetics of the Mimetic Butterfly *Papilio memnon* L." Philosophical Transactions of the Royal Society of London. Series B, Biological Sciences 263: 35-70, 1971.

(6) C. A. Clarke, P. M. Sheppard "The genetics of the mimetic butterfly *Papilio polytes* L." Philosophical Transactions of the Royal Society of London. Series B, Biological Sciences 263: 431-458, 1972.

(7) Campagna L. "Supergenes: The Genomic Architecture of a Bird with Four Sexes." Current Biology 26: R105-107, 2016.

(8) Campoy E., Puig M., Yakymenko I., Lerga-Jaso J., Cáceres M. "Genomic architecture and functional effects of potential human inversion supergenes." Philosophical Transactions of the Royal Society of London. Series B, Biological Sciences 377: 20210209, 2022.

(9) Darlington C. D. and Mather K. "Elements of Genetics" George Allen and Unwin Ltd. London, 1949.

(10) Fujiwara H., Ninaki O., Kobayashi M., Kusuda J. and Maekawa H. "Chromosomal fragment responsible for genetic mosaicism in larval body marking of the silkworm, *Bombyx mori*." Genetics Research 57: 11-16, 1991.

(11) Fujiwara H. and Nishikawa H. "Functional analysis of genes involved in color pattern formation in Lepidoptera." Current Opinion in Insect Sciences 17: 16-23, 2016.

藤原晴彦（ふじわらはるひこ）

1957年兵庫県生まれ。東京大学大学院理学系研究科生物化学専攻博士課程修了（理学博士）。その後、国立予防衛生研究所（現・国立感染症研究所）研究員、東京大学理学部生物学科動物学教室講師、ワシントン大学（シアトル）動物学部リサーチアソシエートなどを経て、東京大学大学院新領域創成科学研究科先端生命科学専攻助教授、同教授などを歴任。専門は擬態・変態・染色体。これまでの著書に『似せてだます擬態の不思議な世界』（化学同人）、『だましのテクニックの進化』（オーム社）などがある。

超遺伝子《スーパージーン》

2023年5月30日初版1刷発行

著　者 ── 藤原晴彦

発行者 ── 三宅貴久

装　幀 ── アラン・チャン

印刷所 ── 堀内印刷

製本所 ── 国宝社

発行所 ── 株式会社光文社
東京都文京区音羽1-16-6（〒112-8011）
https://www.kobunsha.com/

電　話 ── 編集部03(5395)8289　書籍販売部03(5395)8116
業務部03(5395)8125

メール ── sinsyo@kobunsha.com

 Printed in Japan　ISBN 978-4-334-04664-4

光文社新書

1254

阪神タイガースはなんで優勝でけへんのや？

喜瀬雅則

歴史　看板　風土　戦略　育成　苦悩　誤解　派閥　そして「アレ」——9つの枠組で分析する優勝が遠のく理由。阪神ファンの元番記者だから書けた「新・阪神タイガース論」。

978-4-334-04661-3

1255

定年前と定年後の働き方

サードエイジを生きる思考

石山恒貴

定年前と定年後の働き方は、個人の思考ひとつで大きく変わる——。この時期を、どう働き、どう過ごし、どう生きるのか。幸福な働き方を実現する思考法を、研究理論と実例から探る。

978-4-334-04662-0

1256

編集者の読書論

面白い本の見つけ方、教えます

駒井稔

古典新訳文庫創刊編集長が綴《つづ》る気取らぬ読書論。話題は海外の書店や出版社、作家、歴史的人物、古典、短編、児童書へと縦横無尽に広がり、未読の本の存在にわくわくすること間違いなし！

978-4-334-04663-7

1257

超遺伝子《スーパージーン》

藤原晴彦

生き物の不思議を司る超遺伝子。メスの一部だけが擬態するナガサキアゲハなど、ダーウィンとウォレスが残した謎を解き明かして見えてきた、遺伝学の新たなフロンティアに迫る。

978-4-334-04664-4

1258

理想の職場マネージメント

一軍監督の仕事

髙津臣吾

個性豊かな選手がひとつの方向を向くチームをつくるには？セ・リーグ連覇、交流戦優勝、ゆとりローテーション、言葉の力——球界に革新を起こす名将が自らのマネージメント手法を語る。

978-4-334-04665-1